JN226371

自然災害の発生と法制度

博士（工学） 木下 誠也 著

コロナ社

は　じ　め　に

　わが国は，その位置，地形，地質，気象などの自然的条件から，地震，台風，集中豪雨などの自然災害に対し脆弱な国土となっている。世界有数の地震国でもあり，海岸線が長く津波の被害を受けやすい地勢にある。河川は急勾配で，低地が広がっていることから，洪水，高潮による被害の危険性も高い。また，各地で大雪が降り，特に日本海側の山間部は，世界的な豪雪地帯として知られている。これらがわが国は災害大国であるといわれるゆえんである。したがって，世界およびわが国で発生する地震，津波，火山噴火，洪水，高潮，土砂災害，渇水などの自然災害について，その発生メカニズムを理解し，その特徴を知ることは，災害対策を考えるうえでたいへん重要である。また，これまでに世界およびわが国でどのような災害が発生し，どのような物的・人的被害をもたらしたか，そしてどのような災害対策が講じられ，被害を軽減する努力がなされたかを学ぶことは，今後の災害対策を検討するうえで大いに教訓となるものである。

　災害対策としては，災害を未然に防止または軽減しようとする災害予防の取組み，そして災害が発生した際の応急対策などの災害対応が重要である。さらには，災害後の処理のための災害復旧や災害復興などの事後対応も必要になる。これらのそれぞれの段階における対策を講じることができるよう法制度が整備されているので，災害対策を検討するためには，法制度面の知識を身につけておく必要がある。災害と法の関係を見た場合，災害対策基本法のようにこれらを総括的にとらえた法律がある一方で，災害予防のための法制度，災害時のための法制度，災害後の事後処理のための法制度，といった分類ごとに数多

くの法律がある。

　本書では，第Ⅰ部（1〜6章）において，世界およびわが国におけるさまざまな災害の発生状況を概観し，最近の災害の特徴を把握する。そのうえで災害対策の現状や今後の災害発生のおそれ，あるいは今後の対策について論じる。

　第Ⅱ部（7〜10章）においては，災害に関係する法制度を取りまとめる。過去の災害とそれを踏まえて法制度が整備されてきた歴史を学び，そのうえで，災害予防の法制度として，災害の発生を防止または軽減するための社会資本の整備，管理や土地利用の規制，防災計画などに関する法制度，そして，災害発生時の対応のための法制度として，応急的な救助や保護に関する災害救助法や，避難指示などに関する法制度，さらに災害後の事後処理のための法制度として，災害の復旧，復興のための法制度を論じる。

　2018 年 2 月

　　　　　　　　　　　　　　　　　　　　　　　　　木下　誠也

目　　　次

第Ⅰ部　自然災害の発生と対策

1章　近年の自然災害

2章　地震と津波の災害

3章　火　山　噴　火

4章　洪水と高潮の災害

5章　土　砂　災　害

6章　渇水などの水問題

第Ⅱ部　災害と法制度

7章　災害法制の歴史と現状

8章　災害に備える法制度

9章 災害対応のための法制度

10章 災害の復旧，復興のための法制度

第 I 部　自然災害の発生と対策

1
近年の自然災害

　本章では，世界およびわが国における自然災害の発生状況を概観し，そのうえで今後の地震，火山などの災害発生のおそれや，気候変動による気象災害の発生状況の見通しについて述べる。

1.1　世界の自然災害

　世界の自然災害に関する主要なデータベースの一つである NatCatService[†1] を用いて，1950 ～ 2016 年における被害額が大きかった上位 10 件の災害を並べると，**表 1.1** のとおりとなり，1950 ～ 2016 年の間で犠牲者の数が多かった上位 10 件の災害は**表 1.2** のとおりである。

　ベルギーに本拠を置く災害疫学研究センター（Centre for Research on the Epidemiology of Disasters，**CRED**）が運営する EM–Dat に 1970 年以降の世界の自然災害による人的被害のデータが整備されている。これによると，1970 年 11 月に東パキスタンのボーラ地方（現在のバングラデシュ）とインドの西ベンガル州を襲ったサイクロンでは，30 万人もの人命が失われ，サイクロンとしては史上最大級の犠牲者を出した。1991 年 4 月にバングラデシュを襲ったサイクロンでは 14 万人が犠牲となった[1,2][†2]。これを受け，バングラデシュでは，国際的な支援を受けながら住民避難用サイクロンシェルターの建設，早

---

†1　ドイツの再保険会社 Munic Re が 1974 年から運営する自然災害に関するデータベース。
†2　肩付き数字は巻末の引用・参考文献の番号を表す。

表1.1　1950～2016年における被害額が大きい災害トップ10

年.月.日	災　害	被　災　地	被害総額〔億ドル〕	犠牲者数〔人〕
2011. 3.11	地震，津波	日　本	2 100	15 800
2005. 8.25〜8.30	ハリケーンカトリーナ	アメリカ	1 250	1 720
1995. 1.17	地　震	日　本	1 000	6 430
2008. 5.12	地　震	中　国	850	84 000
2012.10.23〜10.31	ハリケーンサンディ	カリブ諸国，アメリカ，カナダ	685	210
1994. 1.17	地　震	アメリカ（カリフォルニア）	440	61
2011. 8. 1〜11.15	洪水・地すべり	タ　イ	430	813
2008. 9. 6〜9.14	ハリケーンアイク	カリブ諸国，アメリカ	380	170
2016. 4.14,4.16	地　震	日　本	310	69
2010. 2.27	地震，津波	チ　リ	300	520

（出典：INSURANCE INFORMATION INSTITUTE：Catastrophes：Global, 2016 NATURAL CATASTROPHES[3]により作成）

期警戒システムや堤防の整備，植林などの防災対策が進められた。2007年11月にバングラデシュ南部に上陸したサイクロンは，1970年のサイクロンより勢力は大きかったが，事前の災害予防対策が効果をあげ，死者・行方不明者数は4 000人程度と2桁減少している[4]。

　そして，22万人を超える死者を出した20世紀最大の地震被害となったのが1976年7月に中国河北省唐山市付近を震源として発生した唐山地震である。さらに古くは，1556年に陝西省で起きた華県地震では83万人以上が犠牲となり，世界史上最悪の震災といわれている[5]。中国では，2008年5月にも四川省汶川県付近を震源とする四川大地震が発生し，死者・行方不明者の合計は9万人に達した[6]。また，2004年12月にM（マグニチュード：2.2節参照）9.1のスマトラ島沖地震により大津波が発生し，犠牲者が23万人に及んだことは世界に衝撃をもたらした[7]。

表 1.2　1950 〜 2016 年における犠牲者が多い災害トップ 10

年.月.日	災害	被災地	犠牲者数〔人〕
1970	サイクロン，高潮	バングラデシュ	300 000
1976	地震	中国	242 750
2004.12.26	地震，津波	東南アジア	220 000
2010. 1.12	地震	ハイチ	159 000
2008. 5. 2 〜 5. 5	サイクロン ナルギス	ミャンマー	140 000
1991. 4.29 〜 4.30	トロピカル サイクロン	バングラデシュ	139 000
2005.10. 8	地震	パキスタン，インド，アフガニスタン	88 000
2008. 5.12	地震	中国	84 000
2003. 7 〜 8	熱波	ヨーロッパ	70 000
1970	地震，山崩れ	ペルー	67 000

（出典：A.Wirtz, W. Kron, P. Löw, and M. Steuer：The need for data：natural disasters and the challenges of database management, Natural Hazards, **70**[†], 1, pp.135–157 のデータ[8])を，INSURANCE INFORMATION INSTITUTE：Catastrophes：Global, 2016 NATURAL CATASTROPHES[3]により修正して作成）

1.2　わが国の自然災害

　有史以前の天変地異ともいえる火山噴火や地震といった巨大災害については，考古学や地理学の研究によってある程度明らかになっているが，有史以降わが国は日本書紀をはじめとする六国史以来の記録の国であり，文字による災害の記録が多く残されている。

　わが国の歴史は，古来より災害に苦しんだ歴史といえる。死者が数万人，数十万人に及ぶことが珍しくなかったのは，干ばつ，冷害，風水害などに起因する飢饉である。梅雨や台風による暴風雨は，直接多くの人々が犠牲になるだけ

---

†　論文誌の巻番号は太字，号番号は細字で表記する。

でなく，それらが原因となる飢饉によって多くの餓死者が出た。地震や津波，火山噴火，あるいは大火などによっても毎年のように多くの人が犠牲になった。

『平成29年版防災白書』から，昭和20〜平成28（1945〜2016）年のわが国の自然災害における死者・行方不明者数の推移は，**図1.1**のとおりである。

昭和20年代は，犠牲者が1000人以上の災害が，昭和20年の三河地震（2306人），枕崎台風（3756人），昭和21年の南海地震（1443人），昭和22年のカスリーン台風（1930人），昭和23年の福井地震（3769人），昭和28年6月の西日本水害（1013人），昭和28年7月の南紀豪雨（1124人），昭和29年の洞爺丸台風（1761人）と続発した。

昭和30年代に入ると昭和33年の狩野川台風（1269人），昭和34年の伊勢湾台風（5098人）と発生回数は減ったものの，災害の規模は甚大であった。

昭和40年代以降は台風などの風水害で犠牲者が1000人以上となることはなくなったが，平成7年の阪神・淡路大震災（6437人），平成23年の東日本大震災（22118人）が発生し，地震による死者が多数にのぼった[9]。

わが国では，世界の$M6.0$以上の地震の約2割が発生し，世界の活火山の約1割が存在している[10]。そして，昭和59〜平成25（1984〜2013）年で見ると，わが国の災害死者数は，世界全体の1.5%を占め，被害額では世界全体の2割近くを占める。

平成5〜25（1993〜2013）年について，災害種別ごとの死者・行方不明者数を見ると，この期間の死者・行方不明者数の合計31587人のうち，風水害が1477人，地震，津波が28802人，火山が68人，雪害が1127人，その他が113人であった。

1.3　自然災害の今後

1.3.1　地震，火山などの災害

わが国では，さまざまな機関で地震に関する研究が行われており，将来各地域で起こり得る地震の予測が試みられている。文部科学省の地震調査研究推進本部では，海溝型地震や活断層付近の内陸地震について評価を行い，将来各地

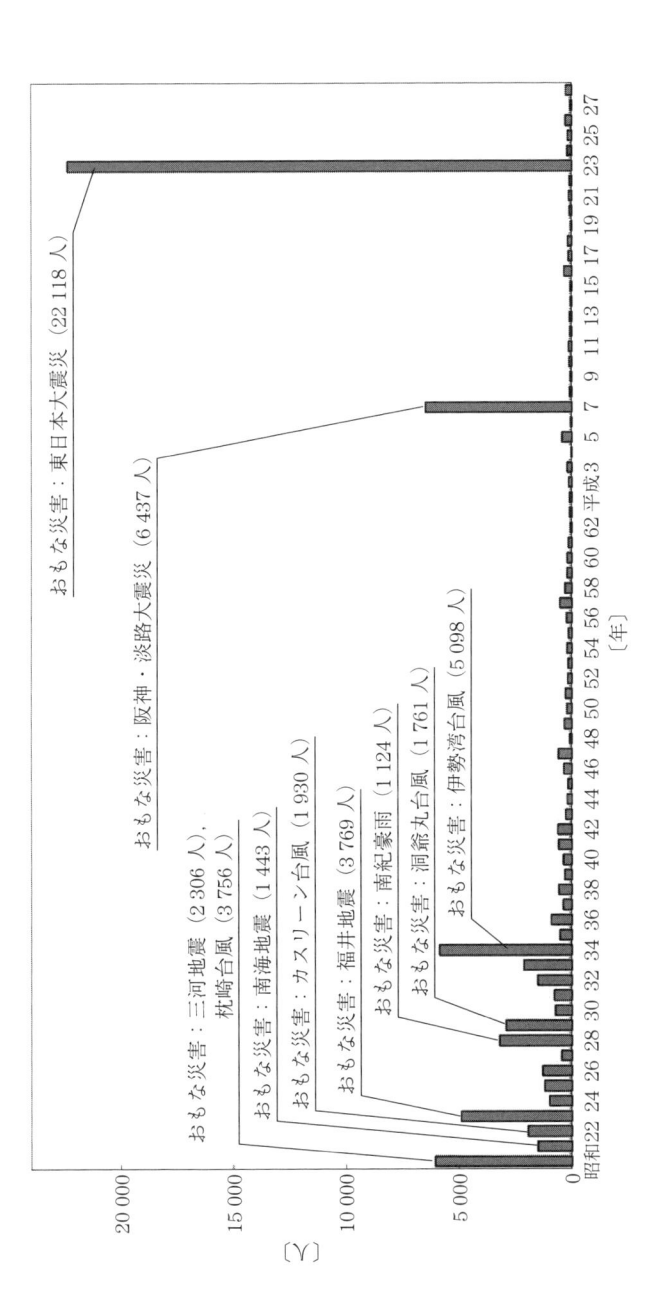

（注）　平成7年死者のうち，阪神・淡路大震災の死者については，いわゆる関連死919人を含む（兵庫県資料）。
　　　平成28年の死者・行方不明者は内閣府取りまとめによる速報値。
（平成23年に起きた災害中，「地震・津波」欄のうち，東日本大震災については，消防庁資料（平成23年（2011年）東北地方太平洋沖地震（東日本大震災）の被害状況（平成29年3月1日））により，死者には災害（震災）関連死を含む。昭和28～37年は警察庁資料，昭和38年以降はおもな災害による死者・行方不明者（『理科年表』による）。昭和21～27年は日本気象災害年報，昭和28～27年は日本気象庁資料をもとに内閣府作成）
（出典）　昭和20年はおもな災害による死者・行方不明者・行方不明者をもとに内閣府作成）

図1.1　わが国の自然災害における死者・行方不明者数の推移
（出典：内閣府：平成29年版防災白書　附属資料8[11]）

域で起こり得る地震の確率を発表している[12]。

海溝型地震について見ると，北海道から九州にかけて太平洋側の沖合いでは，海溝沿いに $M8$ 級地震が発生し得る震源域が並んでおり，近年だけでも大正 12（1923）年の関東地震（$M7.9$），昭和 19（1944）年の東南海地震（$M7.9$），昭和 21（1946）年の南海地震（$M8.0$），昭和 43（1968）年の十勝沖地震（$M7.9$）など多数の地震が発生し，多大な被害をもたらしてきた。

南海トラフ駿河湾寄りの駿河トラフと相模トラフは，震源域が陸上にかかっている。相模トラフは関東地震のような地震を，また駿河トラフは東海地震のような地震を引き起こす。関東地震と東海地震は，$M8$ 級の巨大地震が至近で発生するものであり，防災上特別な注意が必要である。

東海地震の再来間隔は約 150 年とされているが，嘉永 7（1854）年に東海地震が発生してから現在まで 160 年以上が経過している。いつ発生してもおかしくない状況であるといえる。

関東地震については，おおむね 200 年程度の再来周期を有すると考えられており，大正 12（1923）年に発生してからまだ 90 年余りしか経過していない。このため関東地震と同じタイプの地震の発生は当分先であろうといわれている。しかし，関東地震より規模が小さいが局地的には大きな災害をもたらす首都直下地震については，後述するように切迫性があるものと認識されている[13]。

内陸型地震については，プレートどうしの圧縮力を受けて地殻内に蓄積された応力が岩盤の破壊強度を超えることによって生じる。内陸の活断層で発生する $M7$ 級の大地震では数千 〜 数万年の繰返し周期で同じような地震が繰り返し発生している。歪エネルギーを蓄積する期間のうち前半は，前回の地震で周辺部の歪エネルギーを放出しているため，一般に大きな地震は起きにくくなる静穏期といえる。後半は，緊張状態が高まるため，大きい地震が起きやすくなるので活動期ということになる。

西日本地域は，平成 7（1995）年の兵庫県南部地震に続いて，平成 12（2000）年の鳥取県西部地震や平成 13（2001）年の芸予地震などが続いており，つぎの南海地震に向けた内陸地震の活動期に入ったのではないかともいわれている。

　関東地方については，最近になって昭和60（1985）年10月と平成4（1992）年2月の2回，震度5の揺れがあった。これらは太平洋プレート内部で発生した深い地震で，$M6$程度であったが，もっと震源が浅い場合や$M7$クラスとなる可能性がある。直下型の地震はそろそろ心配しなければならない時期に入ってきたといわれている[14]。

　地震が起きると揺れるだけでなく，土砂崩れや地割れに巻き込まれることもある。また，大規模な火災が発生することもある。さらに，津波が沿岸部を襲い，浸水やこれによる火災により深刻な被害を及ぼすことがある。被害は，人的被害や住家の被害だけでなく，電気，ガス，水道，下水道，通信などのライフラインにも及ぶ。あらゆる事態を想定して防災体制を整えつつ，万全であることはないということを十分認識しておく必要がある[12]。

　火山については，数千～数十万年といわれる長い寿命の中で活動と休止を繰り返し，噴火のパターンは火山によって異なる。たとえ1000年以上噴火していない火山であっても，活動しないとは断言できない[12]。

　火山の噴火では，マグマだけでなく，火山灰，岩石，火山ガスなどが放出され，周辺地域に大きな被害を及ぼす。火山の周辺地域は，噴火に備えてつねに対策を講じておく必要がある[12]。

1.3.2　気　象　災　害

IPCC（Intergovernmental Panel on Climate Change，気候変動に関する政府間パネル）は気候変動に関して科学的および社会経済的な見地から包括的な評価を行い，5～6年ごとに評価報告書を公表している[15]。2013年9月に公表されたIPCC第5次評価報告書によると，陸域と海上を合わせた世界平均地上気温は，1880年から2012年の期間に0.85℃程度上昇しており，特に，最近30年間の上昇が顕著である。

　わが国の年平均気温については，長期的には100年当り約1.19℃の割合で上昇しており，特に1990年代以降，高温となる年が頻出している[15]。

　わが国の近海の海域平均海面水温（年平均）については，2016年までのお

よそ100年間にわたる上昇率は，＋1.09℃/100年であり，これは，世界全体や北太平洋全体で平均した海面水温の上昇率（それぞれ＋0.53℃/100年，＋0.50℃/100年）より大きく，わが国の年平均気温の上昇率（＋1.19℃/100年（統計期間：1898～2016年））と同程度の値である[16]。

わが国の年平均降水量について，1898年の統計開始以降2016年までの国内51地点で観測された偏差を見ると，年ごとの変動が大きくなっている[17]。

また，気象庁によると，わが国の1時間降水量50 mmおよび80 mm以上の短時間強雨は，増加傾向が現れており，1976年から2016年までの40年間で，1時間降水量50 mm以上および80 mm以上の短時間強雨の発生頻度は，それぞれおよそ1.5倍および1.9倍となっている。

気候変動による将来の世界平均地上気温については，IPCC第5次評価報告書によると，1986～2005年平均に対する2081～2100年平均の上昇量は，CO_2などの排出を抑制する最大の温暖化対策ありというシナリオでも0.3～1.7℃，温暖化対策なしというシナリオでは2.6～4.8℃の範囲に入る可能性が高いと予測しており，今世紀末までの世界平均海面水位の上昇については0.26～0.82 mの範囲に入る可能性が高いとしている。

また，環境省と気象庁が，2080～2100年におけるわが国周辺の気候について予測を行った2015年の結果によると，一部地域で減少するケースがあるものの，大雨による降水量が全国的に増加するとされており[18]，気象庁が中位の温室効果ガス排出シナリオに基づく1ケースについて予測を行った2013年の結果によると，21世紀末（2076～2095年）の1時間降水量50 mm以上の短時間強雨の年間発生回数は，全国各地で増大すると予測されている[19]。

さらに，『地球温暖化予測情報　第9巻』（気象庁，2017）において，高位の温室効果ガス排出シナリオに基づく，複数の海面水温に基づいた全部で4ケースについて，20世紀末頃（1980～1999年）に対する21世紀末（2076～2095年）の変化を見ると，大雨や短時間強雨の発生回数は全国的に増加する一方，無降水日数が増加すると予測されている[20]。

2

地震と津波の災害

本章では，地震・津波の発生のメカニズムを概説し，世界およびわが国における地震・津波の発生状況を概観する。そのうえで今後予想される地震と津波の災害の見通しについて述べる。

2.1　地震発生のメカニズム

地震は，地下の岩盤に力が加わり，ある面（断層面）を境に急速にずれ動くことによって発生する[1]。この岩盤の急激なずれによる揺れ（地震波）が周囲に伝わり，やがて地表に達すると地表が揺れる[2]。地震の発生原因を知るには，まず地球内部の構造を知る必要がある。図 2.1 に簡単なイメージ図を示す。

地球の半径は約 6 400 km である。その内部の構造は中心部分から順番に核，マントル，地殻という構成になっている。この一番外側（つまり，地球表面）にある地殻は，地球全体を隙間なく覆っている。地殻と上部マントルの地殻に

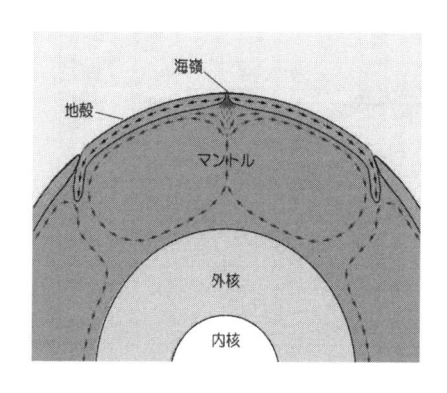　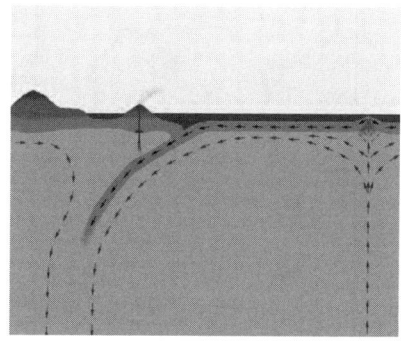

（a）　地球断面図イメージ　　　　　（b）　プレート境界イメージ

図 2.1　地球内部の構造のイメージ（出典：福岡管区気象台ホームページ[3]）

近いところは硬い板状の岩盤となっており，これを**プレート**と呼び，その厚さ
は十数 km から数十 km 程度である。地球の表面は十数枚のプレートに覆われ
ている。

　地球の表面には，地下からプレートが湧き上がってくる領域や，逆に地下へ
向かってプレートが沈み込む領域がある。プレートは，この湧き上がってくる
ところから沈み込むところに向かって動いている。その向きはプレートごとに
異なり，速さは 1 年間に数 cm と非常にゆっくりしている。プレートごとに動
く方向が異なるため，隣り合うプレートとの間に摩擦や衝突が生じる。摩擦や
衝突により，プレート内に歪が蓄積される。歪は時間とともに徐々に蓄積さ
れ，限界を超えると，岩盤の破壊が起きる。破壊によって発生した震動が地表
面に伝わることによって地震が発生する[3]。

　世界中の地震の発生場所を見ると，**図 2.2** のとおりである。地震が多く発
生している場所が，プレートどうしが接しているプレート境界と考えられる。

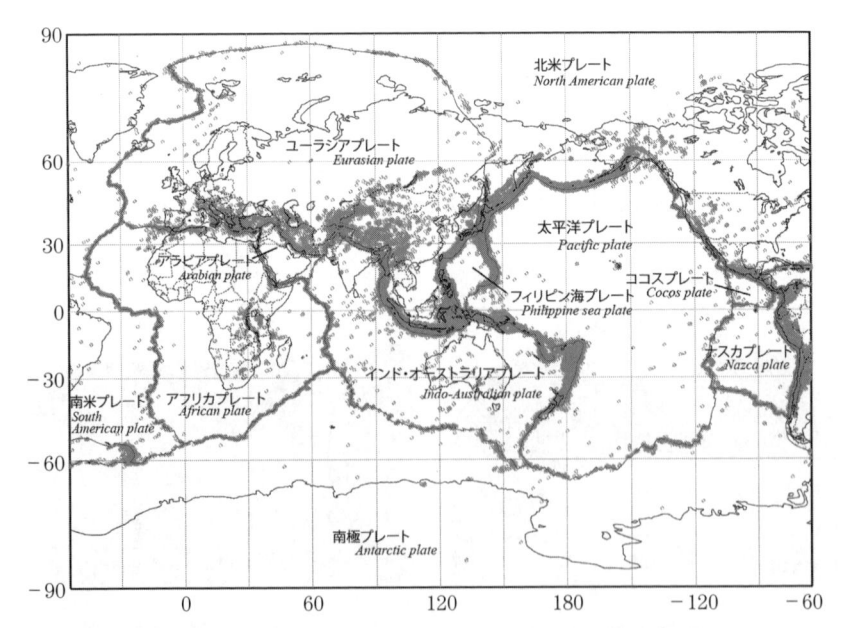

図 2.2　世界のおもなプレートと地震の発生場所の分布（出典：気象庁ホームペー
ジ：地震発生の仕組み＞地震の起こる場所－プレート境界とプレート内－[4]）

しかし，すべての地震がプレート境界で発生するわけではなく，ハワイや中国内陸部の地震のようにプレート内部で発生する地震もある[2]。

わが国周辺では，海のプレートである太平洋プレート，フィリピン海プレートが，陸のプレートである北米プレートやユーラシアプレートの方向へ1年当り数 cm の速さで動いており，陸のプレートの下に沈み込んでいる。このため，日本周辺では，複数のプレートによって複雑な力がかかっており，世界でも有数の地震多発地帯となっている[2]。アメリカ地質調査所（USGS）のデータ[5]によると，1905 ～ 2015 年に発生した M（マグニチュード：2.2 節参照）8.0 以上の地震発生回数は，世界で 91 回に対し，わが国は 18 回である。世界で発生する地震のおよそ2割がわが国とその周辺で発生している。

日本列島とその周辺発生する地震は，その発生場所により海溝型地震と活断層型地震に大きく分けられる。

海溝型地震は，陸側のプレートと海側のプレートの境界である海溝やトラフ付近で発生する地震である。海溝型地震には，プレートの境界での断層運動により発生するプレート境界（プレート間）地震と，海側のプレート内部での断層運動により発生するプレート内地震がある。地震調査研究推進本部では，陸側のプレートどうしの境界である日本海東縁部で発生する地震も海溝型地震として評価している[6]。

プレート境界地震の例としては，南海地震，東南海地震，平成 15（2003）年の十勝沖地震，平成 23（2011）年の東北地方太平洋沖地震があり，プレート内地震の例としては，昭和三陸地震，平成 5（1993）年の釧路沖地震，平成 6（1994）年の北海道東方沖地震がある[2]。

活断層型地震は，陸側のプレート内部での断層運動により発生する地震である。深さがおおむね 30 km よりも浅い地殻の内部で発生するため，**地殻内地震**とも呼ばれる。活断層で発生する地震だけでなく，活断層が認められていない陸域および沿岸域で発生する浅い地震も含まれる[6]。

活断層型地震の例としては，平成 7（1995）年の兵庫県南部地震，平成 16（2004）年の新潟県中越地震，平成 20（2008）年の岩手・宮城内陸地震，平成

28（2016）年の熊本地震がある。

活断層型地震は，プレート境界で発生する地震に比べると規模が小さい地震が多いが，人間の居住地域に近いところで発生するため，大きな被害を及ぼすことがある[2]。

地震は，地下の岩盤が周囲からの圧縮または引張りにより，ある面を境として岩盤がずれることによって発生する。このずれを断層という。断層は面的な広がりがあり，断層面ともいう。震源の深さが地表に近くなると断層が地表にまで現れることがある。

通常は地表に現れている断層と認められる地形のうち，おおむね約170万～200万年前から現在までに活動し，今後も活動して地震を発生させそうなものを**活断層**という[2]。

わが国の周辺には約2 000もの活断層があり，それ以外にもまだ見つかっていない活断層が多数あるといわれている。死者・行方不明者6 437人などの被害となった平成7（1995）年の兵庫県南部地震（阪神・淡路大震災）や，死者183人などの被害となった平成28（2016）年の熊本地震も，活断層の動きによって発生した地震である[7]。

日本列島の太平洋側では海洋プレートが沈み込んでおり，その圧力で陸地は圧縮されて歪が生じる。圧縮が続きそれ以上持ちこたえられなくなったときに活断層がずれ動いて地震を起こす。陸地の圧縮はいつまでも続くので，動いた後でまた同じ過程を繰り返すため，活断層はいつまた動いてもおかしくない。断層それぞれで圧縮の速さが違うので，平均的な活動間隔は断層によって異なる。しかしいずれも，千～数万年と，人間の一生に比べればはるかに長い間隔である[8]。

わが国には，海溝型地震の発生する領域や活断層が全国的に分布しており，規模の大きな地震は，過去に起きたところで繰り返し起きている。例えば，海溝型地震が発生する南海トラフでは，大きな地震が繰り返し発生していることが歴史の記録などからわかっている。また，活断層で発生する地震についても活断層の調査をすると，同じ断層で過去にも大きな地震が繰り返し発生してい

たことがわかっている[1]。

2.2 マグニチュードと震度

マグニチュード（magnitude）は，地震そのものの大きさ（規模）を表す物差しである。一方，震度は，ある大きさの地震が起きたときのわれわれが生活している場所での揺れの強さのことを表す。

マグニチュードと震度の関係は，例えば，マグニチュードの小さい地震でも震源からの距離が近いと地面は大きく揺れ，震度は大きくなる。また，マグニチュードの大きい地震でも震源からの距離が遠いと地面はあまり揺れなく，震度は小さくなる。また，震度は地震や観測点の地盤や地形などによって異なる。

2.2.1 マグニチュード

マグニチュードはもともと，アメリカのカリフォルニア州に発生する地震の規模を評価する尺度として，1935 年にリヒター（Charles F. Richter）によって導入された[9]。すなわち，震源から 100 km 離れた地点に置かれた当時の標準地震計（ウッド・アンダーソン型地震計）で記録された揺れの最大振幅をマイクロメートル〔μm〕単位で表し，その数値の対数をマグニチュード（M）として定義した。震央から 100 km 離れた地点で揺れの最大振幅が 1 μm の地震のマグニチュードは 0 と定め，最大振幅が 10 μm だと $M = 1$, 100 μm だと $M = 2$ とした。つまり，震央から 100 km 離れた地点の最大振幅 A〔μm〕の地震のマグニチュード（M）を

$$M = \log_{10}A$$

と定めた。

しかし，現実には震源からちょうど 100 km の地点に地震計が設置されていることは稀であり，また地震計にもいろいろな種類があるため，このほかにさまざまなマグニチュードの算定式が考案され，各国で使用されるようになった。

　また，地震が放出するエネルギーは，地震波が岩盤を揺らした総エネルギーで，算定することは困難であるが，グーテンベルク（Beno Gutenberg）とリヒターは，経験的にマグニチュード M とエネルギー E （ジュール）との間には

$$\log_{10} E = 4.8 + 1.5M$$

という関係があるとした。すなわち

$$E = 10^{4.8} \times (10\sqrt{10})^M \qquad (10\sqrt{10} \fallingdotseq 31.62)$$

となるので，M が1大きくなると，E は $10\sqrt{10}$ 倍，つまり約32倍になる。例えば，$M = 8$ の地震の出すエネルギーは，$M = 7$ の地震の32個分，また $M = 6$ の地震の1 000個分に相当する。

　わが国で気象庁が発表する地震のマグニチュードは，通常，気象庁マグニチュードによっている。気象庁マグニチュードは，周期数秒程度の地震波の最大変位振幅に基づいて決められている。ただし，小さな地震については，最大変位速度振幅を用いている。なお，変位とは地震に伴って地面が動いた距離，変位速度とは地面が動いた速度のことである[10]。気象庁マグニチュードは，地震発生から3分程度で計算可能という点で速報性に優れている。しかし，長い周期の地震波が大きくなる規模の大きな地震の場合，周期5秒程度までの地震波の大きさはほとんど変わらないため，気象庁マグニチュードでは地震本来の規模に比べて小さく見積もられてしまう[11]。つまり，大きな地震になると，地動の大きさの割にはマグニチュードが十分大きくならないという頭打ちが生じる。気象庁マグニチュードによる測定では，$M8$ 以上の地震が発生した際にはこのような頭打ちが起こり正確な数値を計算できないおそれがある[12]。

　このような頭打ちを避けるため，1977年に金森博雄により提唱された**モーメントマグニチュード**（Mw）というものがある。これは地震による断層運動の大きさを的確に表すことから，より長周期の地震波も観測可能な広帯域地震計により記録された，周期数十秒以上の非常に周期の長い地震波も含めて解析し計算するものである。このため，巨大地震についても正確な規模の推定が可能である[11]。Mw は，断層の面積と断層のすべりから換算してつぎの関係式で定義されている。

$$Mw = \frac{\log_{10} M_0 - 9.1}{1.5}$$

ここに，地震モーメント $M_0 = \mu \times D \times S$ で，S は震源断層面積，D は平均変位量，μ は剛性率である（**図 2.3**）。

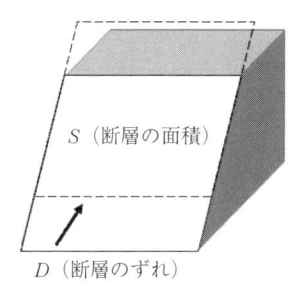

S（断層の面積）

D（断層のずれ）

図 2.3　断層イメージ図

　モーメントマグニチュードは，USGS をはじめ国際的に広く使われている。モーメントマグニチュードは物理的な意味が明確で大きな地震に対して有効だが，高性能の地震計のデータを使った複雑な計算が必要なため，地震発生直後迅速に計算することや，規模の小さい地震で精度よく計算するのは困難である[2]。10 分間ほどの地震波形データを処理する必要があるため，計算には地震発生から 15 分程度を要する[11]。

　平成 23（2011）年 3 月 11 日 14 時 46 分に発生した東北地方太平洋沖地震の際には，地震発生 3 分後に気象庁が発表した $M7.9$ が過小評価となってしまった。そして，15 分後に計算されるはずのモーメントマグニチュードが，この地震の際には揺れが大き過ぎて広域帯地震計でもとらえきれず計算できなかった。このため，海外の地震計のデータなども使い 1 時間近く過ぎて $M8.4$ と推定した。そして 3 月 13 日になって $M8.4$ を $M8.3$ に修正し，さらに $M8.8$ に改め，同日のうちに $M9.0$ とした。その後，$M9$ クラスでも 15 分程度で規模をつかめるよう，強く長い周期の揺れでも振り切れない広域帯地震計の導入が進められている[13]。

　地球上で起こり得る地震の規模はどの程度まで考えられるのだろうか。断層の大きさの観点で考えてみよう。

　断層のすべり量は断層面のサイズ（長さや幅など）と比例すると考えると，断層面のサイズが約 3 倍で断層面積が 10 倍ですべりも 3 倍になると，地震モーメント M_0 は約 30 倍になる。$\log_{10}30 = 1.477\cdots$ で約 1.5 なので，M_w は 1 大きくなる。$M5$ の地震の断層が約 3 km とすると，$M6$ の地震では 10 km，$M7$ は 30 km，$M8$ は 100 km と増えていく。さらに，$M10$ は 1 000 km，$M12$ は 10 000 km となる。しかし，地球の直径は約 13 000 km なので，もし $M12$ の地震が起きたら地球が真っ二つに割れてしまうことになる[14]。$M10$ 程度が地球上で起こり得る最大の地震といわれており，恐竜絶滅の原因と見られる小惑星が地球に衝突したときに発生した地震が，$M11$ 以上と推定されている[15]。

2.2.2　震　　　度

　どのくらい揺れたのかを示す尺度である**震度**の決め方は各国により異なり，欧米ではおもに MM 震度階（改正メルカリ震度階）という 12 階級での表現を使っている。わが国では，明治 41（1908）年に当時の中央気象台により震度 0（無感）から Ⅵ（烈震）までの 7 段階からなる**気象庁震度階**が定められた。これは，人間の体感などの観察結果に基づいて測候所の職員が総合判断して決定するというものであった。その後，平成 23（1948）年の福井地震の被害の甚大さから，震度 Ⅶ が付け加えられた。これは，家屋の倒壊が 30 % 以上に及ぶことを基準として事後の現地調査で決定するものだった。

　平成 3（1991）年から計測震度計の導入を開始し，順次全国に展開していたところ，平成 7（1995）年の兵庫県南部地震の際に，震度 Ⅶ の発表が遅かったことが強く批判されたため，平成 8（1996）年 3 月までに体感などによる震度観測を終了し，同年 4 月以降は震度計により震度を観測し，速報する体制をとっている[2,16]。

　計測震度は加速度波形から計算されるが，計測震度の計算には，加速度の大きさのほかにも，揺れの周期や継続時間が考慮される。このため，最大加速度が大きい場所が震度も大きくなるとは限らない[17]。

　また，平成 8（1996）年 4 月に震度計による観測への全面移行に合わせて震

度階級を改定し，震度5と震度6はそれぞれ弱と強とに2分し，全体で10階級の震度が採用されるようになった[2]。

2.3　津 波 の 発 生

大きな地震が海底下で発生すると，断層運動により海底が隆起または沈降し，これに伴う海面の変動により大きな波となって四方八方に伝播するのが津波である。津波は，海が深いほど速く伝わり，浅いほど速度が遅くなる性質がある。津波が陸に近づくと，あとから来る津波が前の津波に追いついて波高が高くなる。

2.3.1　水面を伝わる波の速さ（波の伝播速度）

波長が水深に比べて十分に大きい波（一般には波長が水深の25倍程度以上の場合）を長波といい，長波の伝播速度（v）は

$$v = \sqrt{gh} \quad [\text{m/s}]$$

で表される。ここに，gは重力加速度で$9.8\,\text{m/s}^2$，hは水深〔m〕である。

津波は波長が非常に長い波であるので，この式を用いて津波の伝播速度を求めることができる。

津波の波長は数十km から数百km にもなるので[18]，長波と考えて問題ない。1960年のチリ地震で津波が約17 000 km 離れたわが国に到達したのは22 〜 23時間後だが，太平洋の平均水深が4 000 m 程度なので，津波の伝播速度は

$$V = \sqrt{9.8 \times 4\,000} \doteqdot 200\,\text{m/s} = 200 \times 10^{-3} \times 3\,600\,\text{km/h} \doteqdot 700\,\text{km/h}$$

であり，所要時間は

$$17\,000\,\text{km} \div 700\,\text{km/h} \doteqdot 24\,\text{h}$$

となり，実際の数字とかなり近い計算結果となる。

2.3.2　津 波 の 特 性

津波の高さは海岸付近の地形によって大きく変わる。さらに，津波が陸地を駆け上がる（遡上する）こともある。岬の先端やV字型の湾の奥などの特殊な

地形となっている場合は，波が集中しやすい。また，津波は反射を繰り返すことにより何度も押し寄せたり，複数の波が重なることで著しく高くなることもある。1波目の津波が一番高いとは限らず，あとから来襲する津波のほうが高くなることもある。

津波が沖合から海岸に向かって進行する場合を**押し波**といい，逆に海岸から沖合に向かって進行する場合を**引き波**という。津波は，この押し波と引き波が繰り返し長時間続く。

2.4　世界の地震と津波

1900年以降世界で一番規模の大きい地震は，1960年5月22日に南米チリで発生したMw9.5の地震である。この地震の断層の長さは1 000 kmに及び，津波が約1日かけて太平洋をまたいで日本に来襲し，大きな被害をもたらした。

USGSによる，1900年以降に発生した世界の巨大地震を**表2.1**に示す[2),19)]（2017年3月3日現在。ただし，平成23（2011）年の東北地方太平洋沖地震のMw は USGSによる9.1を用いず気象庁による9.0とした）。

超巨大地震とも呼ばれる$M9$前後の地震のほとんどは，環太平洋域にある海溝付近で起きている。海溝は陸地からは離れているので，マグニチュードが大きくても強震動による直接の被害は必ずしも巨大にはならない。津波の被害が大きかった2004年のスマトラ島沖地震（インド洋大津波），および2011年東北地方太平洋沖地震を別にすると，死者数は最大で5 000人で，多くは100人の規模であった。

死者数の多い地震については，2010年のハイチ地震：死者32万人（$M7.0$），2008年の四川地震：9万人（$M7.9$），2005年のパキスタン北部地震：9万人（$M7.7$），2004年のスマトラ島沖地震：30万人（$M9.2$），2003年のイラン・バム地震：5万人（$M6.8$），1976年の唐山地震：25万人（$M7.8$），1970年のペルー地震：7万人（$M7.8$）などがある。これらの大部分は途上国の人口の多い地域で起きた$M7$クラスの内陸地震（直下型地震）であり，人的被害の主因は大量の建物倒壊である[21),22)]。

表 2.1 1900 年以降に発生した世界の巨大地震（規模の大きなもの上位 10 位）

順位	日時（日本時間）	発 生 場 所	モーメント マグニチュード（M_w）
1	1960 年 5 月 23 日	チ リ	9.5
2	1964 年 3 月 28 日	アラスカ湾	9.2
3	2004 年 12 月 26 日	インドネシアのスマトラ島北部西方沖	9.1
4	2011 年 3 月 11 日	日本の三陸沖（平成 23 年（2011 年）東北地方太平洋沖地震）	9
4	1952 年 11 月 5 日	カムチャッカ半島	9
6	2010 年 2 月 27 日	チリのマウリ沖	8.8
6	1906 年 2 月 1 日	エクアドル沖	8.8
8	1965 年 2 月 4 日	アラスカのアリューシャン列島	8.7
9	2005 年 3 月 29 日	インドネシアのスマトラ島北部	8.6
9	1950 年 8 月 15 日	チベットのアッサム	8.6
9	2012 年 4 月 11 日	インドネシアのスマトラ島北部西方沖	8.6
9	1957 年 3 月 9 日	アラスカのアリューシャン列島	8.6

（出典：気象庁：知識・解説 よくある質問集 地震について[20]）

直下型地震では，震源が近いので $M6 \sim 7$ でも強い揺れとなる。1970 年の唐山地震や 2010 年のハイチ地震のように人口 100 万を超える大都市付近で起きると，死者数が 10 万人台にもなることが多い。

2.5 わが国の地震と津波

わが国では，6 000 年以上昔の縄文時代に神戸市東灘区の郡家遺跡の地震による液状化現象の痕跡が発見されている。また，約 2 000 年前の高知県土佐市の地層（400 m 内陸）から，津波による厚さ 50 cm の堆積物を高知大学の岡村眞教授の調査チームが発見している。これは $M9$ クラスの超巨大地震であった可能性がある[23]。

わが国最古の地震記録としては，允恭 5（416）年の大和河内地震である。『日本書紀』に地震とのみ記載され，被害の記録はないが，わが国の歴史に現れた最初の地震である[24]。また，『日本書紀』において，推古 7（599）年に大和で発生した地震で家屋倒壊という被害状況が初めて記録されている[25]。

　確かな記録の残る南海トラフ巨大地震として一番古い地震は，『日本書紀』により，天武 13（684）年に発生した $M8$ クラスの白鳳南海地震がある[24]。南海地震の記録だが，地質調査によると，ほぼ同時期に東海・東南海地震も発生したとされている[23]。

　平安時代の歴史書である『日本三代実録』には貞観 11（869）年に東北地方を襲った貞観地震の記録があり，当時の揺れの様子や津波についての記述も残っている。$M8.3 \sim 8.6$ 程度で，震源は岩手県沖〜福島県沖，または茨城県沖の連動型超巨大地震の可能性も指摘されている[26]。平成 23（2011）年東北地方太平洋沖地震はこの貞観地震の再来ともいわれている。貞観地震の 5 年前の貞観 6（864）年には富士山の青木ヶ原樹海における溶岩流を噴出した貞観大噴火が起きている[27]。貞観の 9 年後の元慶 2（878）年には相模・武蔵地震が発生した。$M7.4$ と推測され，百姓の圧死が多数に及び，京都でも揺れが感じられたとのことである。さらに，9 年後にあたる仁和 3（887）年には南海トラフ沿いを震源域とした仁和地震も発生している。$M8.5$ 程度と推測され，京都では建物の倒壊による圧死者多数とされている[28]。これは南海地震の記録だが，地質調査によれば，ほぼ同時期に東南海・東海地震も発生したとされている[29]。津波堆積物から $M9$ クラスであったとの説もある[26]。863 年から 887 年の貞観期には，プレート境界地震や直下地震などの巨大災害が 25 年間続いた。

　永長 1 年 11 月（1096 年 12 月）には東海道沖に $M8 \sim 8.5$ の永長地震が発生した。死者 1 万人以上と推定され，東大寺の鐘が落下，伊勢・駿河で津波による大きな被害が発生した。この永長地震は東海地震と考えられ，2 年 2 か月後の康和 1 年 1 月（1099 年 2 月）の死者数万といわれる康和地震が南海地震であるとも考えられているが，永長地震が南海地震をも含んでいた可能性もあるとされている[26),29]。

　1200 年前後は南海トラフ地震の発生を明確に示す文字記録は残っていないが，地質調査によれば南海・東南海・東海地震がこの頃発生したと見られる[30]。また，文治 1（1185）年に法勝寺や宇治川の橋などを損壊し，死者が多数に及んだ文治京都地震が東海・東南海・南海地震であるとの説がある[26]。

正平16年6月24日（1361年8月3日）には，M8.4の正平地震により，大阪の四天王寺，京都の東寺，奈良の薬師寺，和歌山の熊野神社が大被害を受け，津波により，大阪，高知，徳島沿岸に大きな被害が出た。『太平記』によると，徳島の由岐で1 700戸の家屋が流失し，60余人が流死したと伝えられている[31]。これは南海地震とされており，その2日ほど前に東海地震が発生した（発生月日不明）ともいわれている[29]。

明応7年8月25日（1498年9月20日）にはM8.4程度の明応東海地震が発生し，それまで淡水湖であった浜名湖がこの地震と津波によって海と繋がって汽水湖となった。地震の揺れも津波も大きく，熊野本宮の社殿が倒れたという記録がある[32]。被害は甚大で溺死者26 000人との記録もある[33]。津波は紀伊半島から房総半島の沿岸を襲い，志摩半島や浜名湖周辺で特に高かったとされている。この年に南海地震が発生したことを明確に示す記録はないが，地質調査により南海地震も発生していた可能性が高いとされている[29],[30]。この時代は，応仁の乱（1467〜1477年）に続く明応の政変（1492年）を経て戦国時代を迎え，室町幕府が崩壊に至る動乱期であった。

慶長年間（1596〜1615年）には各地で大地震が頻発した。まず，慶長元年閏7月9日（1596年9月1日）に愛媛で中央構造線を震源とする慶長伊予地震が発生し，寺社の倒壊などが記録されている。その3日後の文禄5年閏7月12日（1596年9月4日）には慶長豊後地震が発生し，別府湾で津波により港町が壊滅し，沿岸5 000戸のうち残ったのが200戸と記録されている。その翌日文禄5年閏7月13日（1596年9月5日）には慶長伏見地震が発生し，死者数は京都や堺で1 000人以上を数えたと伝えられている。豊臣秀吉の居城として建てられた伏見城がこの地震に襲われ，完成間近の伏見城天守もこの地震により倒壊し，城内だけで600人が圧死したといわれている[34]。あまりの被害の大きさから，年号が文禄から慶長に改められた。秀吉はこの後倒壊した伏見城を現在の伏見城がある場所へと移転させた。当時の秀吉は，朝鮮出兵（文禄の役）の不調をはじめ失政も多かった時期であり，この後すぐ慶長3（1598）年に没した。豊臣政権の凋落を象徴する災害であった。

　そして，慶長9年12月16日（1605年2月3日）に相模トラフと南海トラフを震源とする$M7.9$と推定される二つの地震が同時に発生したとされる。死者が数千人と見られる慶長地震である[35]。津波が四国から東海の太平洋沿岸を襲い，室戸岬周辺や浜名湖周辺で高かった。室戸岬周辺では，津波の高さは10mに達したとされている。また，九州南部にも津波が襲来した可能性があるだけでなく，外房の津波被害も否定できないとされている[29),34)]。被害の確かな記録が見当たらないことなどから，南海トラフ以外で発生した地震か，あるいは遠地津波である可能性もあるとされている[29]。

　6年後の慶長16年8月21日（1611年9月27日）に$M6.9$程度の内陸型の会津地震が発生し，山崩れ，人家倒壊多数，死者3700人の被害となった[36]。そして，慶長16年10月28日（1611年12月2日）に三陸沖を震源とする$M8.1$程度の慶長三陸地震が発生し，多くの家屋が倒壊し，津波が起きた[35]。死者は2000〜5000人に及んだと思われる[36]。この地震の震源や規模については諸説あり，津波の痕跡などから$M9$クラスの超巨大地震であったともいわれている[37]。大阪冬の陣が起きたのはこの3年後である。慶長年間の前の天正13年11月29日（1586年1月18日）に近畿から東海，北陸にかけての広い範囲を襲った天正地震を含めると，1586年から1611年の26年間にわたって巨大災害が続いた。

　元禄16年11月23日（1703年12月31日）に$M8.2$と推定される元禄地震が発生した。これは大正12（1923）年の大正関東地震（関東大震災$M7.9$）よりも規模の大きな地震で[38]，関東地方の南部を中心に強い地震動が広範囲に生じ，房総半島や相模湾の沿岸部を中心に津波が襲った。地震動や津波などにより，死者1万人以上に及んだ。この地震により，房総半島から相模湾沿岸にかけて海岸が最大約6m隆起したとされている[39]。

　元禄地震の4年後の宝永4年10月4日（1707年10月28日）には，南海トラフを震源域として$M8.4$と推定される宝永地震が発生し，駿河湾から東海・南海沖にかけて太平洋沿岸で地震と津波による大きな被害を受けた[35]。死者は2万人余，倒壊家屋は6万戸余に及んだとされる[24]。宝永地震は，東北地方太

平洋沖地震の発生までは記録に残る国内の史上最大規模の地震であったとされている。四国から伊豆半島にわたる広い範囲で津波は高さ5m以上に達し，紀伊半島の三重県尾鷲市の周辺では8〜10mに達したところもあった推定される。九州東部から甲信地域の範囲では震度6強から6弱相当の揺れがあったと推定され，河内平野の一部では震度7相当であった可能性がある[29]。地震から49日後の宝永4年11月23日（1707年12月16日）には，富士山の宝永噴火が始まった[27]。この2年後に第5代将軍徳川綱吉が没し，宝永噴火から9年後に8代将軍吉宗が享保の改革を開始した。

　明和8年3月10日（1771年4月24日）には，歴史資料の少ない沖縄方面で特筆すべき八重山地震が起きている。石垣島南東沖を震源とする$M7.4$の地震とされている。沖縄本島周辺でも揺れが感じられたと記録されている。各地を津波が襲い，石垣島南東部から東部海岸で30m以上，石垣島北西部で4m，黒島，波照間島で5m，多良間島で15m，宮古島周辺で約10mの遡上高であった。津波による死者は，八重山諸島で約9000人，宮古島で約2000人にのぼったとされている[40]。もっと沖合の海溝型の$M8$クラスの巨大地震だったという研究もある。なお，石垣島の遡上高は最大85.4m（28丈2尺）との記録もあるが，場所は特定されていない[41]。

　安政元年11月4日（1854年12月23日）には，駿河トラフの御前崎沖を震源とし，東海道，東山道，南海道を襲う$M8.4$と推定される安政東海地震が発生し，その32時間後の翌11月5日（同12月24日）に，南海トラフの紀伊半島の沖合を震源としてほぼ同じ地域を襲う$M8.4$と推定される安政南海地震が発生した。この両地震から元号が嘉永から安政に改められた[42]。

　安政元年11月4日（1854年12月23日）の東海地震では，津波が四国東部から房総半島までの太平洋沿岸を襲い，三重県の一部では津波の高さが10mに達したと見られる。志摩半島（三重県），中部地方の内陸の一部および駿河湾沿岸では震度6強または6弱相当の揺れになったと推定され，遠州灘沿岸では震度7相当であった可能性がある。この地震による死者は2000〜3000人余，倒壊および焼失家屋は3万戸余に及んだとされる。

　安政元年 11 月 5 日（1854 年 12 月 24 日）の南海地震では，津波が九州東部から少なくとも紀伊半島東部までの太平洋沿岸を襲い，四国の太平洋沿岸および潮岬付近以西の紀伊半島沿岸では津波の高さが 4 〜 8 m に達したと見られる。高知，徳島，兵庫，和歌山各県の沿岸部などで震度 6 強または 6 弱相当の揺れになったと推定される。この地震による被害は 32 時間前の安政東海地震と区別が明確でないが，全国で死者約 30 000 人との推定がある。和歌山県広川町には『稲むらの火』という実話があり，この話は安政南海地震の津波によるものである。この年，日米和親条約が締結（1854 年 3 月 31 日）されたが，この直後，ほかにも大地震が連発し，攘夷（じょうい）の機運が盛り上がった。

　安政 2 年 10 月 2 日（1855 年 11 月 11 日）に東京湾北部を震源とする内陸直下型活断層地震の安政江戸地震が発生し，江戸の直径 20 km の範囲は大被害を受けた[35]。江戸城も大きな被害を受け，篤姫の将軍家への輿入れが延期になったのは有名だ。地震の規模は $M6.9 〜 7.1$ 程度と考えられ，死者数は 7 000 人以上に及んだ[43]。

　安政年間は日本列島大揺れの時代であり，安政江戸地震から 2 年半を経た安政 5 年 2 月 26 日（1858 年 4 月 9 日）に富山県と岐阜県の県境付近で飛越地震が発生した。典型的な内陸直下地震で $M7.3 〜 7.6$ 程度と推定される。その後も続いた地震や土砂災害により被害は拡大し，地震による直接の死者数百人のほか，常願寺川がせき止められ後日決壊したことによる溺死者 140 人と伝えられている[43]。

　明治 24（1891）年 10 月 28 日に $M8.0$ の濃尾地震が岐阜県美濃地方西部を震源として発生した。日本の内陸で発生する最大級の地震で，地表にずれが生じ根尾谷断層が生じた。震源断層付近で震度 7 相当となったほか，福井県，滋賀県，愛知県，三重県で震度 6 を記録し，死者は 7 273 人，全壊家屋は 142 177 戸と記録されている[43]。

　日清戦争が終結した翌年，明治 29（1896）年 6 月 15 日には，$M8.2$ の明治三陸地震が発生した。太平洋プレートが陸側のプレートの下に沈み込む日本海溝付近で発生した逆断層型のプレート間地震と考えられる[44]。この地震による

揺れは最大でも震度 4 で緩やかであったが，約 30 分後に巨大な津波が押し寄せ，死者は岩手県内の 18 158 人が最も多く，全体で 21 959 人に及んだ。津波の高さは複数の箇所で 10 m を超え，岩手県大船渡市では 38.2 m に達した[17),44),45)]。

　大正 12（1923）年 9 月 1 日に日本史上最悪の自然災害といわれる関東大震災が発生した。M7.9 のこの関東地震は，相模トラフに沿って発生した海溝型地震だが，元禄 16（1703）年の元禄地震と同様に震源域の一部が陸域にかかり，内陸直下型地震の特徴も有しており，関東地方南部を中心に強い揺れにより家屋の倒壊や火災によって甚大な被害を及ぼした[45),46)]。関東地方南部の広い範囲で震度 6 が観測され，相模湾沿岸地域や房総半島南端付近では震度 7 相当の揺れがあった[46)]。沿岸部を襲った津波の高さは，静岡県の熱海で 12 m，房総半島館山市の相浜では 9.3 m に達した。津波による死者は 200 〜 300 人で[45)]，火災による死者が約 92 000 人と最も多く，死者の総数は当時の東京府と神奈川県を中心として 10 万 5 000 余にのぼり，日本の災害史上最大の地震となった[46)]。この震災を関東大震災と称し，発生した 9 月 1 日を「防災の日」として各所で防災訓練などが行われるようになった。

　昭和 8（1933）年 3 月 3 日に M8.1 の昭和三陸地震が発生した。日本海溝付近で発生した正断層型のプレート内地震と考えられる。これにより太平洋沿岸域を中心に震度 5 の揺れが発生し，その 30 〜 40 分後に津波が襲来した。津波の高さは岩手県大船渡市が最大で 23.0 m であった[44)]。死者の数は，行方不明者を含めると 3 064 人となった[17)]。

　第二次世界大戦終結前後には，昭和 19（1944）年 12 月 7 日に昭和東南海地震，および昭和 21（1946）年 12 月 21 日に昭和南海地震が発生した。これらにより高知から静岡にかけての太平洋沿岸や諏訪盆地，甲府盆地，出雲平野などは大きな被害を受けた。1944 年の昭和東南海地震は M7.9 とされ[17)]，三重県から静岡県では震度 6 の揺れ，愛知県や静岡県の一部地域では震度 7 相当の揺れを生じたと見られる[45)]。この地震による津波が，紀伊半島西部から伊豆半島の太平洋沿岸を襲い，紀伊半島東部沿岸の津波の高さは 6 〜 9 m に達した[29)]。

震源に近い三重県尾鷲市では，地震後 10 分程度で高さ 9 m の津波に襲われた。地震による死者は，愛知県，三重県，静岡県を中心に 1 223 人との記録があるが，当時は太平洋戦争の最中での報道管制のため正確な数字は明らかになっていない[45]。地震から 30 年後にまとめた記録によると，住宅の全壊が 17 611 棟，半壊が 36 565 棟にのぼった。なお，嘉永 7（1854）年の安政東海地震の震源域の一部しか破壊しなかったため，地震の揺れ，津波の高さとも安政東海地震には及ばなかった[29]。

　この東南海地震の 37 日後の昭和 20（1945）年 1 月 13 日に $M6.8$ の内陸直下型地震である三河地震が愛知県南部を再び襲った。この地震の揺れは，観測記録によると最大でも三重県津市で震度 5 であり，名古屋市は震度 4 であった。被害が集中した農村部の震度は観測されていない。戦時中のため被害調査も十分行われず，報道管制もあり，被害状況は明らかではなかった。33 年後の被害調査によると，死者 2 306 人，全壊家屋 7 221 戸という数字がある。敗戦色が濃厚な社会情勢において地震が連続して発生したために，地震の規模の割には被害が甚大なものになったと考えられる[43]。

　1946 年の昭和南海地震は，安政南海地震と同じく四国沖から紀伊半島沖にかけての沿岸部を含む南海トラフ沿いの地域を震源域としたプレート間地震で，$M8.0$ とされる。和歌山市，串本町，徳島市，高知市，津市，彦根市などで震度 5 が観測された[47]。津波が九州から房総半島南部の太平洋沿岸を襲い，津波の高さは，四国および紀伊半島の太平洋沿岸では 4 ～ 6 m に達した[29]。九州地方から中部地方まで被害が及び，死者・行方不明者の総数は 1 443 人，住宅全壊が約 9 000 棟にのぼった[47]。

　昭和 23（1948）年 6 月 28 日に福井平野の中 ～ 東部を震源域とする $M7.1$ の福井地震が福井空襲（昭和 20（1945）年 7 月 19 日）から復興途上の街を襲った。陸域の浅い地震であり福井市で震度 6 が観測された。地盤の軟弱な福井平野の集落では全壊率が 100 ％に達するところが多く，福井市の住家全壊率は 80 ％を超えた。死者は福井県内を中心に 3 769 人，住家などの全壊は 36 184 棟にのぼった。さらに，火災が被害を拡大し 4 168 棟が焼失した。家屋の倒壊や

土木構造物の被害がきわめて大きく震度7相当の地域もあったと見られ，この地震を契機として気象庁震度階級に震度7が追加されることとなった[43],[48]。

その後は阪神・淡路大震災が起きるまで，日本列島は比較的静穏な時期が続いたが，昭和35（1960）年5月24日にチリ地震による津波に襲われた。南米チリの沖合で前日の5月23日に$Mw9.5$の大地震が起きた。長さ1 000 kmの断層のずれにより発生した波長約700 kmの津波が17 000 kmほど離れている日本を襲い，北海道から沖縄までの広範囲で被害をもたらした。日本での津波の高さは2〜3 m，高いところで4〜5 mとなり，北海道，青森県，岩手県，宮城県，三重県，和歌山県などで大きな被害となり，死者・行方不明者は142人となった[17],[49]。

平成7(1995)年1月17日に兵庫県南部の阪神地域から淡路島にかけての六甲・淡路島断層帯の一部で$M7.3$の兵庫県南部地震が発生した。神戸と洲本で震度6が観測されたが，その後の現地調査によると淡路島の一部から神戸市，宝塚市にかけて震度7の揺れが起きていた。死者・行方不明者6 437人，住家全壊104 906棟という甚大な被害をもたらした。この地震によって生じた災害を阪神・淡路大震災と呼ぶ[17],[49]。被害額は約9兆〜12兆円といわれ，ちょうど1年前の1994年1月17日にアメリカで起きたロサンゼルス・ノースリッジ地震よりも被害は多く，都市を襲ったものでは世界最大級の災害である[50]。

気象庁が昭和24（1949）年に震度階級として震度7を設定してから最初に震度7の揺れを記録したのは兵庫県南部地震であったが，計測震度計で震度7を記録したのは平成16（2004）年10月23日の新潟県中越地震が最初である。新潟県中越地方の深さ約10 kmで$M6.8$の地震が発生し，死者68人，住家全壊3 175棟の被害をもたらした[17],[48]。

平成23（2011）年3月11日14時46分に三陸沖（牡鹿半島の東南東130 km付近）の深さ24 kmを震源とする，観測史上最大規模のモーメントマグニチュード（Mw）9.0という国内観測史上最大規模の東北地方太平洋沖地震が発生した[51]。宮城県北部で震度7，宮城県南部・中部，福島県中通り・浜通り，茨城県北部・南部，栃木県北部・南部で震度6強を記録した。災害はそれに止

まらず，15 時 18 分に岩手県大船渡市に高さ 8.0 m 以上の津波が来襲したのを
はじめ，太平洋沿岸を中心とする広い地域を津波が襲った。最大の津波の高さ
は福島県相馬市で 9.3 m 以上を記録し，遡上高では最大 40 m を超えたとの報
告がある[52]。津波による浸水は青森，岩手，宮城，福島，茨城，千葉の 6 県で
561 km^2 となった。茨城県や千葉県などでは液状化による被害も多く発生し
た[53]。この地震による災害は東日本大震災と呼ばれる。余震による被害も含め
死者 19 533 人，行方不明 2 585 人，住家全壊 121 768 棟，半壊 280 160 棟にの
ぼった（平成 29 年 3 月 1 日現在）[54]。この地震による揺れと津波の影響により，
東京電力の福島第一原子力発電所において，炉心溶融など一連の放射性物質の
放出を伴った原子力事故が発生した。この原子力発電所の事故による被害を除
いて，東日本大震災による被害額は約 16 兆 9 000 億円とされており[55]，世界
史上最も被害額の大きい地震災害となった[56]。

　平成 28（2016）年 4 月 14 日 21 時 26 分に熊本県の深さ約 11 km で $M6.5$ の
地震が発生して益城町で震度 7 を観測し，続いて 4 月 16 日 1 時 25 分にも深さ
約 12 km で $M7.3$ の地震が発生して益城町，西原村で震度 7 を観測した。これ
ら二つの地震はそれぞれ日奈久断層帯および布田川断層帯の一部区間の活動が
主たる原因と考えられる。震度 7 を観測したのは，平成 7（1995）年の兵庫県
南部地震，平成 16（2004）年の新潟県中越地震および平成 23（2011）年の東
北地方太平洋沖地震に続くもので，同一地域で震度 7 の揺れが 2 回観測された
のは震度 7 の震度階級が設けられて以降初めてのことである[57]~[59]。これらの
地震による多くの家屋倒壊，土砂災害などにより死者は 239 人に及び，全壊
8 671 戸を含め 20 万戸を超える住家被害が発生した[60]。

2.6　今後予想される地震と津波の災害

　わが国における今後の地震の発生を考えると，南海トラフで発生する $M9$ ク
ラスの地震や首都直下地震などが想定される。日本列島は 1 000 年ぶりの地殻
活動期に入ったともいわれ，9 世紀の貞観期のような大規模地震頻発の時代に
入った可能性がある[61]。

　平成7（1995）年の兵庫県南部地震を契機に，将来日本で発生するおそれの
ある地震による強い揺れを予測するなどの，地震に関する調査研究の重要性が
認識され，総理府に設置（平成13（2001）年に文部科学省に移管）された地
震調査研究推進本部が，地震動予測地図の作成を開始した[62]。平成17（2005）
年3月に予測地図が完成し公表され，その後毎年度新たな評価結果を取り込む
ことにより「全国を概観した地震動予測地図」の更新が行われた。平成21
（2009）年からは，それまで約1 km メッシュで表現していた地図を約250 m
メッシュに細分化した表現にするなど，大幅な改良を加えると同時に名称も変
更し，「全国地震動予測地図」として公表している。なお，平成23（2011）年
の東北地方太平洋沖地震を経験したことを踏まえ，「地震動予測地図」の高度
化に向けた取組みが続けられている[63]。

　政府の中央防災会議では，専門委員会を設置して，今後発生が予想される地
震災害の被害想定などの検討を行っている。専門委員会が検討対象とした大規
模地震は図2.4のとおりである。ここでは，南海トラフ地震と首都直下地震

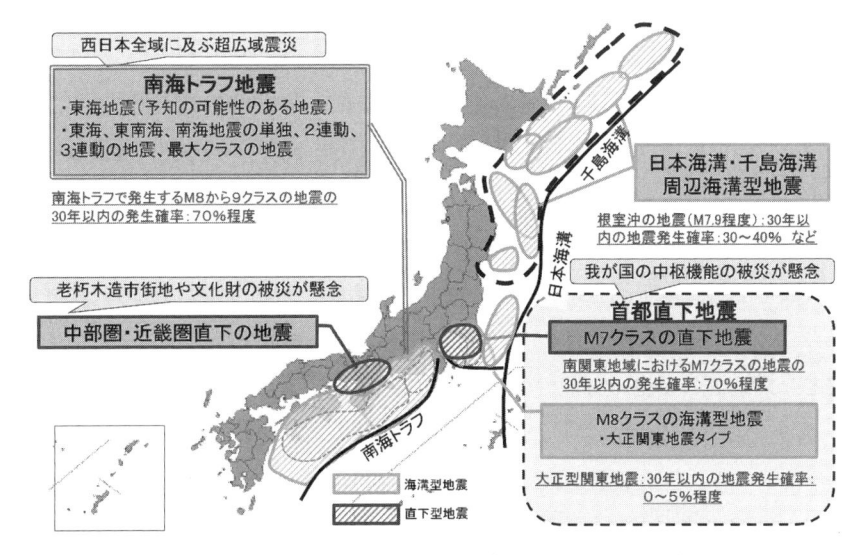

図2.4　中央防災会議（事務局：内閣府）が対象とした大規模地震
（出典：中込　淳（内閣府（防災担当）企画官）：資料1　南海トラフ巨大
　地震被害想定と対策（平成26年9月24日），スライド2[64]）

の被害想定について概要を紹介する。

2.6.1　南海トラフ地震による被害想定

南海トラフでは，日本列島が位置する大陸のプレートの下に，フィリピン海プレートが南側から年間数 cm の割合で沈み込んでいる。この沈み込みに伴い，二つのプレートの境界には歪が蓄積され，過去 1 400 年の履歴を見ると，**図2.5**に示すように南海トラフでは約 100 ～ 200 年の間隔で蓄積した歪を解放する大地震が発生している。昭和期に発生した 1944 年の昭和東南海地震や 1946年の昭和南海地震から約 70 年が経過していることから，南海トラフにおけるつぎの大地震発生の可能性が高まっているといえる。

過去に南海トラフで発生した地震を見ると，南海地域の地震と東海地域の地震が同時に発生している場合と，数年以内の時間差をもって発生している場合がある。昭和 19（1944）年の昭和東南海地震では，御前崎より西側で断層のすべりが止まったが，嘉永 7（1854）年（安政元年）の安政東海地震では，駿河湾の奥まですべりが広がったと考えられる。また，宝永 4（1707）年の宝永地震の震源域は，津波堆積物などの調査結果から，昭和 21（1946）年の昭和南海地震や嘉永 7 年（安政元年，1854 年）の安政南海地震の震源域より西に広がっていた可能性があるとされている。慶長 9（1605）年の慶長地震は揺れは小さいが大きな津波が記録された地震であり，明治 29（1896）年の明治三陸地震のような津波地震であった可能性が高い。

文部科学省の地震調査研究推進本部は，『南海トラフの地震活動の長期評価（第二版）』（平成 25 年 5 月 24 日公表）において，南海トラフ全体を一つの領域とした地震の発生の可能性として，$M8 ～ 9$ クラスの地震が 30 年以内に 60～ 70％の確率で発生するとしている[29],[65]。

南海トラフの巨大地震に関する津波高，浸水域および被害想定については，内閣府に平成 23（2011）年 8 月に設置した「南海トラフの巨大地震モデル検討会」において，最新の科学的知見に基づいて最大クラスの地震，津波の想定が進められた。平成 23（2011）年の東北地方太平洋沖地震や世界の巨大地震

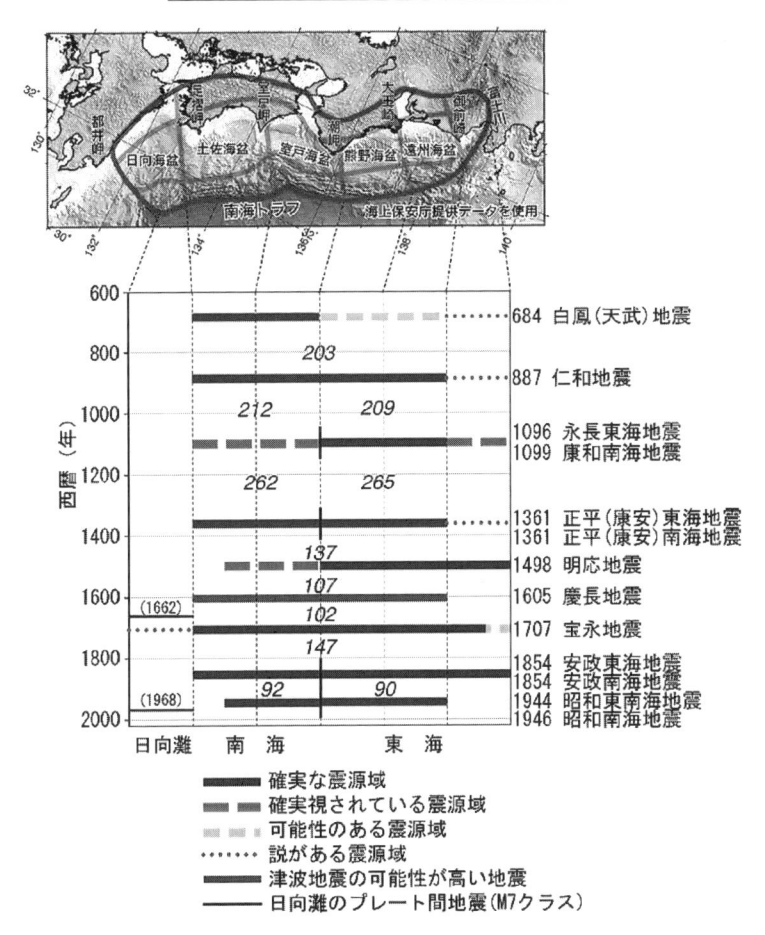

図 **2.5** 南海トラフ沿いの巨大地震の発生履歴（出典：地震調査研究推進本部ホームページ：南海トラフで発生する地震，過去の地震の発生状況[65]）

の特徴などを踏まえて最大クラスの津波断層モデルを設定し，10 m メッシュ単位の微細な地形変化を反映したデータを用いて，海岸での津波高，陸域に遡上した津波の浸水域，浸水深を推計した結果が平成 24（2012）年 8 月に発表された[66]。すべり域の設定などのさまざまなケースを想定して計算がなされたが，都道府県別に最大ケースの場合の最大津波高をプロットすると，図 **2.6** のようになる。

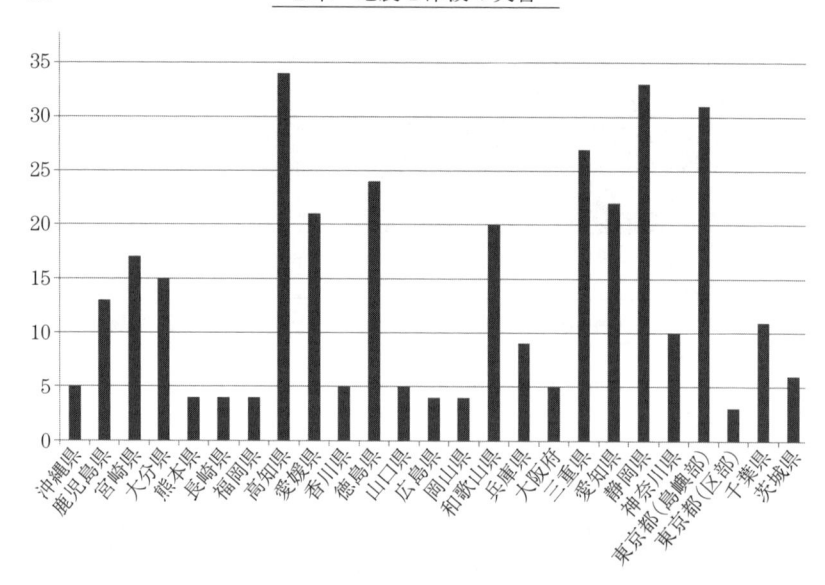

図 2.6　都道府県別最大津波高（満潮位・地殻変動考慮）（最大想定）（出典：内閣府防災情報のページ：報道発表資料一式（平成 24 年 8 月 29 日発表）資料 1-2 都府県別・市町村別ケース別 最大津波高[67]を用いて著者がグラフ化）

　津波が海岸に到達するまでの時間は，駿河湾の沿岸地域のようにトラフ軸に近い地域では，地震が発生して数分後には 5 m を超える大きな津波が襲来する。トラフ軸から少し離れた高知県などには 5 〜 10 m を超える大きな津波が到達するのは地震発生から 20 〜 30 分後となる。また，伊勢湾や大阪湾の奥に津波が到達するにはさらに時間を要し，1 時間 〜 1 時間半程度を要する。長大な津波断層域のそれぞれの場所で発生した津波は，互いに重なり合ったり，さらに海岸で反射しながら，各地の海岸に何度も押し寄せる。5，6 時間から半日程度は繰り返し津波が襲来することになる[68]。

2.6.2　首都直下地震による被害想定

　首都およびその周辺地域では，フィリピン海プレートが北米プレートの下に沈み込み，これらのプレートの下に太平洋プレートが沈み込むという複雑なプレート構造を形成するという位置にあり，これまでに $M7$ クラスの地震や相模

トラフ沿いの $M8$ クラスの地震が発生している。

この地域で発生する地震のタイプはさまざまだが，元禄 16（1703）年の元禄地震や大正 12（1923）年の大正関東地震は，フィリピン海プレートと北米プレートの境界の地震で，200 ～ 400 年間隔で発生している。これらの地震の発生前には，フィリピン海プレート内の地震と思われる $M7$ クラスの地震が複数回発生している[61]。

首都直下地震に関しては，平成 15（2003）年 5 月に中央防災会議に設置した「首都直下地震対策専門調査会」において被害想定が行われ，平成 16（2004）年 12 月と平成 17（2005）年 2 月に被害想定公表，そして平成 17（2005）年 7 月に専門調査会の報告取りまとめを行い，中央防災会議に報告した[69]。この動きを受けて，平成 18（2006）年 5 月に東京都防災会議が「首都直下地震による東京の被害想定」を作成し公表した。東京都は，専門調査会が検討対象とした地震のうち発生可能性が高く，東京に大きな被害を及ぼす東京湾北部地震と多摩直下地震を選択し実態に即したデータを活用し，区市町村別の被害を想定した[70]。

しかし，平成 23（2011）年に東日本大震災が発生したことから，国も自治体も被害想定の見直しに取りかかった。東京都は，東京都防災会議の地震部会において見直した結果を平成 24（2012）年 4 月に『首都直下地震等による東京の被害想定』報告書として発表した。地震に関する最新の科学的な知見と都内の建物や人口の変化を考慮した結果，地震による強い揺れの範囲が以前の想定より広がったことと，被害を受ける家屋に滞留する人口が増えたことから，東京都での最悪の死者数の想定は，平成 18（2006）年の想定の約 1.5 倍になった[71]。

一方，国においては，平成 16（2004）年当時の検討で想定対象とされていなかった関東大地震クラスの地震を想定対象として検討すべきであること，首都直下で想定する地震の規模，揺れ，津波などについて点検，見直しを行うことが指摘され，平成 24（2012）年 5 月に内閣府に「首都直下地震モデル検討会」を設置して見直しを進めた。そして，平成 25（2013）年 12 月に相模トラ

フ沿いで発生する最大クラスの巨大地震モデルによる震度分布，津波高などの検討を加えた新たな被害想定結果を公表した[72]。この被害想定は，$M7$ クラスの都区部直下の地震と $M8$ クラスの大正関東地震タイプの地震について行われている[61),72),73)]。これによると，今後 30 年以内に 70 ％の確率で発生するとされる $M7$ クラスの地震では，首都中枢機能への影響や被災量がおおむね最も大きくなる都心南部直下の地震の被害想定は，死者 23 000 人，建物の全壊・焼失 610 000 棟，経済被害 95 兆 3 000 億円にのぼる[73]。この地震・津波災害への対策として平成 25（2013）年 12 月に首都直下地震対策特別措置法が施行され，平成 26（2014）年 3 月には，首都直下地震緊急対策区域の指定と首都直下地震緊急対策推進基本計画が決定された。

3

火 山 噴 火

本章では，火山噴火のメカニズムを概説し，世界および日本における火山噴火の発生状況を概観する。そのうえでわが国の火山噴火の予知と観測・監視や，火山災害対策の現状について述べる。

3.1 火山噴火のメカニズム

かつては，活動中，すなわち噴火している火山を**活火山**，噴火していない火山を**休火山**あるいは**死火山**と呼んでいたが，火山の活動の寿命はきわめて長いことから，噴火記録のある火山や今後噴火する可能性がある火山をすべて「活火山」と分類する考え方が1950年代から国際的に広まり，1960年代からは気象庁も噴火記録のある火山をすべて活火山と呼ぶようになった[1]。その後，活火山の定義の拡大を繰り返し，2003（平成15）年から，国際的にも一般的になりつつある定義として「おおむね過去1万年以内に噴火した火山および現在活発な噴気活動のある火山」としている[2]。世界にある約1500の活火山のほとんどは環太平洋地帯に分布しており，わが国には111と世界の活火山の約1割がある（**図3.1**）[3]。

火山とは，地下のマグマ（火山の地下にあるマントルが溶けたドロドロの岩のこと）が噴出して形成された山のことをいう。火山は地球上の限られた地域に偏って分布している。火山の種類はプレートの分布と関係しており，海溝型，海嶺型，ホットスポット型の三つに大きく分けることができる[4],[5]。

わが国の火山が属する**海溝型火山**のメカニズムはつぎのとおりである。

まず，海洋プレートの沈み込みによって溶け出して発生したマグマが上昇する。これが浮力を失うと，ある深さで止まりマグマ溜まりになる。このマグマ

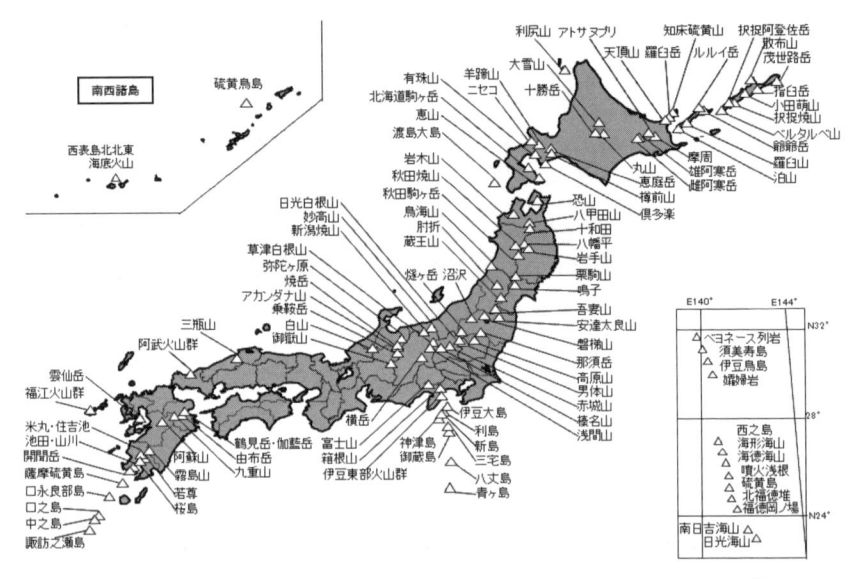

図3.1　わが国の活火山の分布（出典：気象庁ホームページ：活火山とは[1]）

がさらに上昇していくと，周りの岩盤が圧力に耐えられなくなって壊れて地表から急激に溶岩や火山灰が噴出する。したがって，海溝にほぼ平行に火山が分布することとなる[4),5)]。

　海嶺型火山では，上部マントルから直接マグマが湧き出して，プレートが生成されている。地下の深部から上昇した熱いマントルが浅部で融けてマグマが生産され，溶け残ったマントルはプレート下部をつくり，溶けたマグマはプレート上部の海洋地殻をつくっている。東太平洋や大西洋中央部などの海底に多くの海嶺が見られる[6)]。

　ホットスポット型火山というのは，プレート内部を貫いて点状にマントルが湧き上がったものである。ハワイに代表される火山はこのホットスポットの例である。

　火山災害をもたらす火山活動の現象は，大きく噴火現象とその他の火山現象に分けられる。その他の火山現象としては，火山性地震，火山性地殻変動，地熱活動の変化などがある。

噴火現象とは，地下のマグマの活動により地下の物質が地表に噴出する現象をいい，マグマが噴出する噴火，高圧の水蒸気や火山ガスが地表を吹き飛ばし噴出する水蒸気爆発，上昇してきたマグマが海水や地下水と接触して引き起こすマグマ水蒸気爆発に分けられる。そして，高温のガスと火山灰，軽石などが山腹を流れ下る現象を火砕流といい，噴火による火口湖の決壊や融雪などにより発生した泥水が流れ下る現象を火山泥流という。また，噴火に伴う山腹の崩壊によって生じた土石が海に流入したり，海底火山で大規模な噴火が発生したときに津波が発生することがある[7]。

火山噴火の様相はさまざまであり，ハワイ島の火山のように，火山ガスが少なく，マグマの流動性が高い場合は，爆発や噴煙はあまりなく，大量の溶岩が高速で地表を流れて広がる。

マグマの流動性がやや低い場合は，阿蘇山の活動が活発なときに見られるように，比較的短い周期でマグマや火山弾が放出される噴火が起こる。

さらに，マグマの流動性が下がると，溶岩が流れにくくなるため雲仙普賢岳の噴火で見られたような溶岩円頂丘（ドーム）が形成される。

火山ガスが多く，流動性が高い場合は，昭和61（1986）年の伊豆大島・三原山の噴火のように，マグマは噴煙とともに幅広く，高く吹き上る。

火山ガスが多く，マグマの流動性が低い場合は，桜島や浅間山など日本では比較的多く，爆発的な噴火となり，火山灰や火山弾が大量に放出され，溶岩流はゆっくりと押し出される様相となる。

また，日本ではマグマ，火山ガス，火山灰などの混合物が高速で山体斜面を流れ下る火砕流噴火も起こる。爆発的な火山噴出物が周囲の空気をうまく取り込めないと，上昇気流を発生させて噴煙噴火とならず，火砕流となって斜面を流れ下る。溶岩ドームを形成するタイプの噴火でも，火砕流が起こることがある。また，1990年に始まった雲仙普賢岳の噴火のように，溶岩ドームを形成するタイプの噴火でも，ドーム内にガスが残って，かつ新たなマグマの噴出やガス自体の圧力によってドームが崩壊すると，火砕流が発生することがある[6]。

火山噴火の規模を表現する一つの方法として，**火山爆発指数**（volcanic

explosivity index, **VEI**）がある。これは噴出物の量で規模を表現するもので，1982年にアメリカのクリス・ニューホール（Christopher G. Newhall）とステフェン・セルフ（Stephen Self）により考案された。0から8に区分され$VEI = 0$は噴出物の量が$10^4\,\text{m}^3$未満で，VEIの値が1上がるごとに量は10倍になる。$VEI = 8$は噴出物の量が$10^{12}\,\text{m}^3$以上の爆発を指す[8]。

　VEIは単に噴出物の量で規模を表現するため，溶岩流のみを出す噴火の場合は火山灰や火山礫などの火砕物はわずかとなり規模が過小評価される。このため，1993年に早川由紀夫が「噴出したマグマの総重量」から噴火の規模を表現する**噴火マグニチュード**を提唱した[8]。噴火マグニチュードMは，噴出マグマ質量を$m\,\text{〔kg〕}$とすると，$M = \log_{10}m - 7$で求められる。7を引いたのはMの指標（整数部分）をVEIに近づけるよう配慮したからである[9]。

　VEIが5以上になるとカルデラ（直径約2 km以上の陥没地形）ができることが多い。**巨大噴火**とは一般にカルデラ形成を伴う噴火のことを指し，わが国では1万年に一度くらいの割合でカルデラが形成されている[10]。噴出量が$1\,000\,\text{km}^3$を超える火山噴火は$VEI\ 8$と分類され，この規模の超巨大火山を**スーパーボルケーノ**（supervolcano）と呼んでいる[11]。

3.2　世界の火山噴火

　地球形成の歴史は，星の衝突と爆発，合体の繰返しであり，46億年前に地球が誕生してからも惑星の衝突や火山の噴火が繰り返し起きた。火山噴火はこれまでに地球環境を幾度も激変させ，生物の絶滅の危機をもたらしてきた。すでに生物が多様性を獲得していた時代である2億5千万年前に，現在のシベリア周辺で起きたシベリアトラップと呼ばれる巨大な火山活動は，100万年以上続き，膨大な溶岩を地上に吐き出した。火山というには桁が違いすぎる規模であった。酸素濃度が1/3まで低下し，生物種の90 %以上が絶滅したといわれている[12],[13]。

　人類が誕生して以降も巨大な火山噴火は，何度も起こった気候の激変の引き金になったと考えられている。ネアンデルタール人が生きていた7万数千年前

にインドネシアのスマトラ島の北部で起きた大規模噴火は，人類史上最大級の噴火といわれている。この噴火によりトバ湖が誕生した。地球は長期にわたり寒冷期に突入したため，動物の多くが絶滅し，人口が激減したといわれている[14),15)]。

アメリカのイエローストーンでは，巨大カルデラを形成する噴火が過去 210 万年の間に 60 〜 80 万年の間隔で起きており，最後に起きたのは 64 万年前であり，この噴火により北アメリカの西半分のほとんどを厚さ 30 cm 以上の火山灰が埋め尽くし，地球全体が火山灰に覆われ冷却化した[11)]。

VEI 8 の規模の火山噴火は，数万年から数百万年前に起きており，最も直近に起こった *VEI* 8 の噴火は，2 万 7 000 年前に発生したニュージーランド北部のタウポ湖付近の噴火である[11),15)]。

19 世紀における世界の著名な火山噴火を見ると，最新の *VEI* 7 噴火として 1815 年インドネシアのタンボラ山の噴火が挙げられる[10)]。広範囲に火山灰が 1 週間降り積もり，日照量減少により翌年の 1816 年は世界各地で記録的な冷夏となった。火砕流による直接の死者 1 万人に，飢餓や病気も含めて約 10 万人もが犠牲になったといわれる[16),17)]。

1883 年のインドネシアのクラカタウ火山の *VEI* 6 級の噴火は，死者が 36 000 人にのぼったといわれている[18)]。噴火後，カルデラ内部に中央火口丘が誕生し成長を続けている[19)]。

20 世紀においては，1991 年のフィリピンのピナトゥボ山の噴火は，*VEI* 6 で噴火規模が世紀最大級とされた[20)]。460 年ぶりの噴火により，大量の火山灰が周辺地域に降り注ぎ，800 人の死者を出した[21)]。約 2 万世帯が避難を余儀なくされ，火山泥流によって道路や家屋に多大な被害が出た[22)]。噴火規模は大きな山体崩壊を起こした 1980 年のアメリカのセントヘレンズ山の噴火の約 10 倍の規模であった[23)]。

21 世紀に入ってから *VEI* が 6 以上と考えられる火山噴火は起きていないが，代表的な火山災害の事例として，2010 年 3 月に始まったアイスランドのエイヤフィヤトラヨークトル火山噴火は，総噴出量 1 億 m^3 程度の大量の火山灰に

より，ヨーロッパを中心に世界全体の航空便 29 ％に影響を与ええ，1 500 km 離れたイギリスのヒースロー空港でも火山灰が観測された[21]。2010 年 10 月には，インドネシアのメラピ火山で総噴出量 2 億 m^3 の噴火が起きた。周辺住民約 40 万人が避難したが，死者は 300 人以上となった[21]。過去にも幾度もの大規模噴火により多数の犠牲者を出している。

世界では，*VEI* 7 級の噴火は最近 2 000 年間で少なくとも 4 回発生しており，*VEI* 7 のタンボラ噴火から 200 年以上を経過していることから，同規模の噴火が近い将来発生する可能性は低くはない。もし，現実に起きることがあれば，その影響は地球規模で異常現象が生じるはずである[10]。

3.3　わが国の火山噴火

日本列島の形成過程においては，マグマが引き起こす火山活動が大きく影響している。日本列島形成の歴史は火山とともにあるともいえ，日本列島には自然景観のよいカルデラが数多くある。前野[10]によると，九州と北東北から北海道にかけて存在する（北から）屈斜路，支笏，洞爺，十和田，阿蘇，姶良，阿多，鬼界といった火山では，過去 15 万年間に噴出量 250 km^3，直径 210 km のカルデラを形成する噴火が 1 回以上発生しており，全体ではおよそ 1 万年に 1 回の頻度で繰り返している。十和田での 2 回の噴火は *VEI* 6 の中でも大きい部類で，それ以外は *VEI* 7 級の噴火である。このような噴火は同一の場所で繰り返すという特徴があることから，将来これらのどれかで再びカルデラ噴火が起こる可能性はきわめて高く，かりに発生した場合には未曽有の災害が引き起こされることが予想されるとしている。

火山灰は噴出源の火山から数百 km 以上も離れた広い領域を覆うので，日本中の至るところに火山灰層が分布していることを示す証拠が見られる[24]。28 000 年前に姶良カルデラからの総噴出量は 450 km^3 にのぼり，火砕流は鹿児島県，宮崎県，熊本県を埋没させ，火山灰は日本列島各地に降り積もった[21]。

前野[10]によると，過去 1 万年の間に地球上で少なくとも 8 回起きた *VEI* 7 以上の噴火のうち 1 回は日本列島で発生した。わが国での 1 回は 7 300 年前に鹿

児島南方の東シナ海で発生した鬼界アカホヤ噴火で，これは約 1 万年前より以降における地球上で最大の噴火である。鹿児島市の南方約 100 km の島で激しい噴火が発生し，島の大部分が失われて海底に巨大なカルデラが形成されたものである。南九州の縄文文化に深刻な打撃を与えた。1991 年のフィリピンのピナツボ火山噴火の 10 〜 15 倍の噴火規模といわれている[21]。噴出量は 100 km^3 を超え，アカホヤ火山灰は関東地方でも 10 cm 程度，大阪や神戸付近では 20 cm 近くの厚さまで積もった[24),25)]。

日本列島ではカルデラ噴火がおよそ 1 万年に 1 回の頻度で発生しており，最新の噴火である鬼界アカホヤ噴火からすでに 7 300 年が経過している。個々の火山でカルデラ噴火が必ずしも一定の周期で発生しているわけではないが，日本全体で見れば，*VEI* 7 級の噴火が近い将来発生しても不思議ではない状況にあるといえる。

17 世紀以降にわが国で発生した火山災害について見ると（**表 3.1**），まず，宝永 4 年 11 月 23 日（1707 年 12 月 16 日）の富士山の宝永噴火は，12 月 9 日未明まで 16 日間断続的に富士山南東斜面より噴火を繰り返した。火山礫や火山灰などの噴出物は，偏西風に乗り 100 km 以上離れた房総半島まで降り注いだ。総噴出量は 17 億 m^3 で *VEI* 5 の規模である。富士山は約 10 万年前に誕生した火山で，貞観 6（864）年の貞観噴火を含め少なくとも 10 回の噴火が起きた歴史記録がある。その中でも宝永噴火は近世の江戸近郊で起きた噴火であったため多くの情報が残されている[26]。家屋や耕地の直接的な被害のほか，洪水や土砂災害の二次的被害が甚大で，餓死者も多数にのぼった[27]。

宝永噴火は宝永地震の 49 日後に発生している。また，南海トラフや相模トラフを震源とする地震や近隣地域地震の前後 25 年以内に，富士山に何らかの活動が発生している事例が多い。これらの地震が富士山の火山活動と関連している可能性が考えられる。

天明 3 年 4 月 7 日（1783 年 5 月 19 日）には，浅間山（あさまやま）の天明（てんめい）噴火が始まった。2 か月後から本格的な噴火となり，北東方向へ 200 km 離れた地点まで火山灰が降った。火砕流による死者が 477 人，泥流，洪水による死者は 1 500 人にの

表3.1　17世紀以降のわが国の火山災害

世紀	年	火山名	噴火名	総噴出量〔億m³〕	火山爆発指数VEI	噴火関連現象	被害など
17世紀	1640	北海道駒ヶ岳	1640年噴火	29	5	岩屑なだれ→ブラスト（火砕流）→降下火砕物→火砕流→降下火砕物，泥流	死者数：700人
	1663	有珠山	1663年噴火	27.8	5	降下火砕物，火砕サージ	死者数：5人
	1667	樽前山	1667年噴火	28	5	降下火砕物→火砕流→降下火砕物→火砕流	－
	1694	北海道駒ヶ岳	1694年噴火	3.6	4	降下火砕物，火砕流	－
18世紀	1707	富士山	宝永噴火	17	5	降灰，噴石，降下火砕物	山麓で家屋・耕地被害 餓死者多数
	1739	樽前山	1739年噴火	40	5	降下火砕物→火砕流→降下火砕物→火砕流→降下火砕物	－
	1769	有珠山	1769年噴火	1.1	4	降下火砕物→火砕流→溶岩ドーム	山麓民家焼失
	1777	伊豆大島	Y1.0噴火	3	4	降下火砕物，溶岩流	－
	1783	浅間山	天明噴火	7.3	4	降下火砕物→降下火砕物，火砕流→溶岩流，降下火砕物，火砕流，泥流→火砕流，岩屑なだれ→泥流	死者数：477人（火砕流）1500人（泥流，洪水）
	1792	雲仙岳	1792年噴火	3.6	－	溶岩流→山体崩壊→津波	死者数：15 000人
19世紀	1822	有珠山	1822年噴火	2.8	4	降下火砕物，火砕流→潜在ドーム	旧アブタ集落全滅 死者数：103人
	1853	有珠山	1853年噴火	3.5	4	降下火砕物→火砕流→溶岩ドーム	－
	1856	北海道駒ヶ岳	1856年噴火	2.1	4	降下火砕物，火砕流，火砕サージ→溶岩ドーム	死者数：19～27人
	1888	磐梯山	1888年噴火	15	－	火砕流，火砕サージ→岩屑なだれ→降下火砕物，泥流	山麓5村11部落埋没 死者数：461人
20世紀	1914	桜　島	大正大噴火	21	－	溶岩流，降灰	全壊家屋：120棟 死者数：58人

表 3.1（続き）

世紀	年	火山名	噴火名	総噴出量〔億 m^3〕	火山爆発指数 *VEI*	噴火関連現象	被害など
20 世紀	1929	北海道駒ヶ岳	1929 年噴火	3.4	4	降下火砕物→火砕流，火砕サージ，降下火砕物→降下火砕物，泥流	家屋全半壊：1 915 棟 死者数：2 人
	1944	有珠山	1944 ～ 45 年噴火	1.1	1	降下火砕物，火砕サージ→溶岩ドーム	農作物に大被害 死者数：1 人
	1946	桜島	1946 大噴火	0.83	−	降灰，溶岩流	山林焼失，農作物大被害 死者数：1 人 警戒区域設定 避難対象人数：11 000 人
	1977	有珠山	1977 ～ 78 年噴火	1	4	降下火砕物→火砕サージ，降下火砕物→泥流→（潜在ドーム）	死者数：2 人 住宅被害：196 棟 避難者数：15 815 人 避難期間：約 5 か月
	2000	三宅島	2000 ～ 02 年噴火	0.16	3	降下火砕物，火砕流，火砕サージ	避難者数：3 829 人 避難期間：約 5 年間
21 世紀	2011	霧島山（新燃岳）		0.2	−	降灰，噴石，溶岩，空振	避難者数：1 158 人 避難期間：16 日間
	2014	御嶽山		−	−	噴石など	死者数：63 人（不明を含む）

（出典：2014 御嶽山を除くデータの出典は，産業技術総合研究所ホームページ：活火山データベース，気象庁編：日本活火山総覧（第 3 版）(2005)，中央防災会議「災害教訓の継承に関する専門調査会」：災害史に学ぶ (2011)，など。
内閣府：「広域的な火山防災対策に係る検討会」（第 1 回）【大規模火山災害とは】資料 2，スライド 2 に 2014 年御嶽山データを追加して作成)

ぽった。浅間山は，2 万年前に噴火活動をやめた黒斑山（くろふやま）と，2 万年から 1 万年前の間に噴火した仏岩（ほとけいわ）と，1 万年以降現在まで噴火を続けている前掛山（まえかけやま）の三つの火山が重なり合ってできており，天明噴火は，前掛山の噴火活動である。噴火規模は *VEI* 4 で総噴出量は 7 億 m^3 にのぼった。このような大規模な噴火は数百年から 1000 年に 1 回起きてきたが，天明噴火以降，中規模 ～ 小規模の噴火が多数発生しているものの大規模な噴火は起きていないことから，将来の

大規模噴火に対する備えが必要である[26]。

　大正3（1914）年1月12日の桜島大正噴火は，わが国の20世紀最大の噴火である。噴火開始から約8時間後に$M7.1$の地震も発生し，激しい噴火は約1日半続いた。総噴出量は約$2.1\,\mathrm{km}^3$にのぼり，流出した溶岩は海岸から500 m沖合の烏島を埋没させたほか，瀬戸海峡を埋め尽くして大隅半島と陸続きになった。火山灰は大隅半島を覆い，遠くはカムチャッカまで届いたようだ。

　桜島は2万6000年前に姶良カルデラの南縁に誕生し，活発な火山活動を続けた。764年，1471年，1779年の噴火が知られており，大正3（1914）年大正噴火の後には昭和21（1946）年の総噴出量$0.83\,\mathrm{km}^3$の噴火があった[26]。姶良カルデラは，大正噴火でマグマを消費したが，その8割をすでに回復しており，10〜20年後には大正噴火前の状態まで回復するといわれており，近い将来再び大噴火が起きる可能性がある[26]。

　雲仙火山の平成2〜7（1990〜1995）年の噴火は，寛政4（1792）年の噴火から198年ぶりの噴火であり，前駆的な微動や地震群発を経て平成2（1990）年11月17日に噴火が始まり，数日で活動は低下したが，翌平成3（1991）年2月12日，再び噴火が始まり，5月に溶岩ドームが出現し，6月にかけて火砕流により死傷者，行方不明者が発生した。平成4〜6（1992〜1994）年も引き続き溶岩ドームの成長・崩落，火砕流発生が続いた。平成7（1995）年1月下旬からは溶岩の供給による溶岩ドームの変化がなくなり，2月11日を最後に火砕流がなくなり，平成3（1991）年からの一連の溶岩噴出は停止した。平成3〜7（1991〜1995）年の溶岩噴出量は2億m^3（溶岩換算），火砕流回数は約9400回（地震計による）であった[28]〜[30]。火砕流などにより死者・行方不明者は44人にのぼり，家屋の被害は土石流などにより2511棟にのぼった[26]。

　平成26（2014）年9月27日，長野県と岐阜県の県境に位置する御嶽山が7年ぶりに山頂で噴火した。噴火に伴い火砕流が山頂の火口列から南西方向に約2.5 km，北西方向に約1.5 km流下し，噴煙は火口縁から約7000 mの高さまで上昇したと推定される。大きな噴石が山頂火口列から約1 kmの範囲に飛散

し，その後も火山灰の噴出が 10 月 10 日頃まで続いた[31]。58 人が死亡するという日本の戦後最悪の火山災害となった。噴出量は，平成 26（2014）年 11 月の現地調査による速報では，昭和 54（1979）年と同等の 50 万トン程度とされている[32]。

御嶽火山は約 78 ～ 39 万年前に活動して複数の火山体を形成してから，約 30 万年間の活動を休止し，その後約 10 万年前に新たに活動を開始した。この新たな活動初期の噴火でカルデラが形成され，その後現在の山頂域を構成する複数の火山体が形成された。昭和 54（1979）年 10 月 28 日に有史以来初めて大規模な水蒸気噴火が起こり，群馬県前橋市付近まで火山灰が届いた。この後，平成 3（1991）年と平成 19（2007）年には，昭和 54（1979）年の噴火口の一部からごく小規模な噴火が発生していた。平成 26（2014）年 9 月 27 日の噴火は，昭和 54（1979）年火口列とほぼ平行に新たな火口列を形成した水蒸気噴火とされている[32]。

3.4 わが国の火山防災

3.4.1 火山噴火の予知と観測，監視

人間が火山活動を制御することは困難だが，噴火の場所，時期，規模などを予測することができれば災害の防止，軽減に有効である。火山噴火が始まる前に，地下数 km のマグマ溜まりが膨張しはじめて体積増加や圧力増加が起きることがある。また，噴火前に火山周辺で小さな低周波地震が頻発することがある。地震が火山噴火を呼び起こすことも考えられる。野生生物が火山噴火の兆候をいち早く察知して異常な行動を開始することもある。火山噴火予知研究は昭和 49（1964）年より，当時の文部省測地学審議会（現在の文部科学省科学技術・学術審議会）が建議する計画に沿って，大学や関係機関が協力，連携して開始され[33),34)]，同年，学識経験者および関係機関の専門家からなる火山噴火予知連絡会（事務局：気象庁）が設置された[35]。

火山噴火予知連絡会は，平成 21（2009）年 6 月に今後 100 年程度の中長期的な噴火の可能性や社会的影響を検討して，「火山防災のために監視・観測体

制の充実等の必要がある火山」として 47 火山を選定した。さらに，平成 26
(2014) 年 11 月の御嶽山の噴火災害を踏まえて見直しを行い，3 火山を追加し
て 50 火山とした（**図 3.2**）。気象庁は，これらの火山について噴火の前兆をと
らえて噴火警報などを発表するよう，観測施設を整備し，関係機関（大学など
研究機関や自治体，防災機関）からのデータ提供も受け，火山活動を 24 時間
体制で常時観測・監視している。

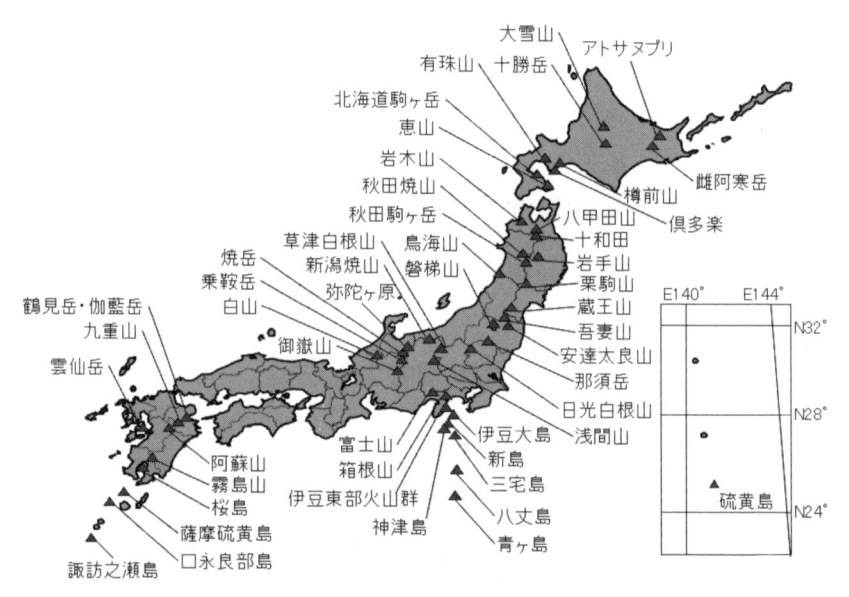

図 3.2　「火山防災のために監視・観測体制の充実等が必要な火山」として火山噴火
予知連絡会によって選定された 50 火山（出典：気象庁ホームページ：活火山とは[1]）

3.4.2　火山災害対策

おもな火山対策を，内閣府はつぎのように分類している[36]。

〔1〕　警戒避難対策

噴火災害からの避難施設として，避難用の道路の整備（新設，改良工事），
海上からの避難が必要な地域に対する港湾，漁港の整備や，噴石などの降下物
から避難するための退避壕の整備，火山周辺にある学校，公民館などの避難施

設に対する建物の不燃堅牢化，同報系無線の整備が実施されているほか，火山噴火などを想定した避難訓練などが行われている。

〔2〕 農林漁業被害対策

火山活動に伴う降灰や火山ガスなどの被害から農林水産物を守るため，活火山法に定める防災営農施設整備計画，防災林業経営施設整備計画，防災漁業経営施設整備計画などに基づいた対策がとられている。

〔3〕 降 灰 対 策

多量の降灰のあった地域では，市町村が行う市町村道，下水道，都市排水路，公園，宅地の降灰除去事業に対し，国の補助が行われている。

活火山法に基づき指定された降灰防除地域内の学校，保育所などの教育施設や社会福祉施設については，国の補助事業として，防じん用の窓枠，空気調和設備などの降灰防除施設が整備されている。降灰防除地域内の学校においては，国庫補助によりプールの降灰除去装置（プールクリーナー）が整備されている。

降灰防除のための学校の水泳プール上屋の建設については，国の補助による助成が行われている。

火山周辺の道路では，降灰時に「通行注意」の道路情報が出され，事故防止が図られている。

〔4〕 泥流，土石流対策

火山活動の活発化に伴う山体の荒廃や，堆積した火山灰などは，泥流や土石流が発生する要因となる。

このため，崩壊山腹での緑化による土砂生産の防止のほか，土石流などの発生，流下を抑制するための治山ダム，砂防ダム，流路工などの設置，土石流を安全に流下させるための導流堤の設置が行われているほか，上流の土石流センサにより土石流の発生を早期に検知する土石流警報装置による道路の通行の禁止が行われている。

国土交通省は，火山噴火に伴って発生する土砂災害に対して，緊急対策を迅速かつ効果的に実施し，被害をできる限り軽減するために，火山噴火緊急減災

対策砂防計画を策定することとし，平成19（2007）年4月に火山噴火緊急減災対策砂防計画策定ガイドラインを作成した。

当初，火山活動が活発で火山活動による社会的影響の大きい全国29火山を対象として火山噴火緊急減災対策砂防計画の策定を進めていた（**図3.3**）[37]。その後，平成27（2005）年に活動火山対策特別措置法が改正され，全国49火山において火山災害警戒地域（火山の爆発の蓋然性を勘案して，火山が爆発した場合には住民等の生命又は身体に被害が生ずるおそれがあると認められ，警戒避難体制を特に整備すべき地域）が指定されたことから，国土交通省はこれら49火山（従来の29火山を含む）を対象として火山噴火緊急減災対策砂防計画を策定することとした[38]。

雌阿寒岳（北海道），十勝岳（北海道），樽前山（北海道），有珠山（北海道），北海道駒ヶ岳（北海道），岩木山（青森県），秋田焼山（秋田県），岩手山（岩手県），秋田駒ヶ岳（岩手県・秋田県），鳥海山（秋田県・山形県），蔵王山（宮城県・山形県），吾妻山（山形県・福島県），安達太良山（福島県），磐梯山（福島県），那須岳（栃木県），草津白根山（群馬県），浅間山（群馬県・長野県），新潟焼山（新潟県），焼岳（長野県・岐阜県），御嶽山（長野県・岐阜県），富士山（山梨県・静岡県），伊豆大島（東京都），三宅島（東京都），鶴見岳・伽藍岳（大分県），九重山（大分県），阿蘇山（熊本県），雲仙岳（長崎県），霧島山（宮崎県・鹿児島県），桜島（鹿児島県）

図3.3 火山噴火緊急減災対策砂防計画の当初策定対象の29火山（平成19年4月）

4

洪水と高潮の災害

本章では，洪水と高潮の発生メカニズムを概説し，世界およびわが国における洪水と高潮の発生状況を概観する。そのうえで洪水と高潮の災害防止対策について述べる。

4.1 洪水の発生

地上に降った雨は蒸発する分を除けば，一部は地中に浸透し，残りは地形の状況に沿って地表を流れ，やがては河川に流れ込んだり，地中に浸透した水が浸出して河川に流れ込んで河川の流水を形成する。そして，最終的に川として海や内海に注ぐことになる。ある河川が降水（雨水，雪融け水など）を集めている範囲や領域を**流域**という。複数の流域が接する境界を**分水界**と呼ぶが，分水界に降った水は地形の状況に沿っていずれかの流域に入り，やがては流れとなって河川に流入する。

大量の雨が降れば，その多くの部分が河川へ流出し河川に流れる水量（「流量」という）が増大し，それによって河川の水位が上昇して洪水をもたらす。流域の土地の状況によって河川への流出量は異なる。森林や緑地などは地中への浸透量が多く河川へ流出する率が小さいが，地表がアスファルトやコンクリートで覆われていると，雨の多くは地面に浸透せず，直接，道路側溝や川に流出する。

河川流量が大きくなると河川水位は上昇するが，この河川水位は河川の勾配や河川の横断形によって定まるので，河川水位が危険な高さを超えないような河川勾配，および横断形となるように河川を整備することが重要となる。

河川の洪水防御計画を策定するにあたっては，計画の対象とする洪水規模を

設定する必要がある。既往の洪水による被害の実態や経済効果などを勘案し，河川の重要度を重視して，洪水の発生確率を設定するのが一般的である。

　例えば，計画対象降雨の超過確率年を 100 年と設定する場合は，ある年にその降雨量以上の降雨が発生する確率が 1/100 ということであり，その降雨量以上の降雨が発生するのは平均して 100 年に一度ということである。これはあくまでも平均して 100 年に一度発生するという意味であり，100 年間ごとに一度発生するという意味ではない。年超過確率 1/100 というと，ずいぶん発生頻度が低いように思いがちだが，向こう 100 年のうちに発生する確率は

$$1 - \left(1 - \frac{1}{100}\right)^{100} = 0.633\,9\cdots$$

であり，もし人生 100 年であれば，一生のうちに経験する確率は約 63 ％と意外に大きい。

　洪水流出量の計算方法にはさまざまな方式が提案されており，対象とする河川の特性に応じて適切な方式を選択する必要がある。国が管理するような大河川においては，過去の降雨や河川流量などの実績データが比較的豊富であり，流出形態も複雑であることから，過去の実績の降雨量や流量のデータを用いて洪水の流出過程を再現する**貯留関数法**などと呼ばれるモデルを構築して流出計算を行うことが多い。一方，都道府県が管理する河川で中小規模な河川に対しては，比較的単純な計算モデルにより流出量を算定することが多い。最も簡便な方式は，つぎに示す**合理式法**である。

　合理式法では，流域全体にある降雨を考え，**図 4.1** のように河川への流出量がゼロから直線的に増加し，到達時間 T（流域の最上流から流出地点までに雨水が到達する時間）に達して最大となり，その後，同じ割合で減少するという考えを基本としている。合理式法は，洪水のピーク流量を推算するための簡便な方法である。

$$Q = \frac{1}{3.6}\,f \cdot r \cdot A$$

ここに，Q：ピーク流量〔$\mathrm{m^3/s}$〕，f：流出係数（流域の土地利用などにより異

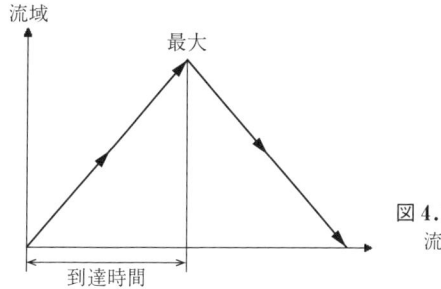

図 4.1 合理式法における
流出量のイメージ図

なる），r：到達時間内降雨強度〔mm/h〕，A：流域面積〔km^2〕である。

流出係数 f の値は，流域の地形および地質，将来における流域の土地利用状況等を見込んで決定するものであるが，例えばつぎのような値とする。

密集市街地	0.9	一般市街地	0.8	山　地	0.7
水　田	0.7	畑，原野	0.6		

洪水の到達時間 T は，雨水が流域から河道に入る流入時間 T_1 と河道内を流下する時間（洪水伝播時間）T_2 との和であり，一般に流域が広くなると到達時間は長くなる。計算方法の一例をつぎに示す。

【計算方法の一例】

1）洪水流入時間（T_1）

洪水流入時間（流域内での河道に達する平均流下時間をいう）は，流域の排水路の整備状況などによって異なるが，一般にはつぎの値を標準として定めてよい。

山地流域	2 km^2	30 min
特に急斜面流域	2 km^2	20 min

2）洪水流下時間（T_2）

Kraven 式：$T_2 = \dfrac{L}{W}$

ここに，L：流路長〔m〕，W：洪水流出速度〔m/s〕，I：流路勾配である（**表 4.1**）。

表4.1　W と I の関係

I	1/100 以上	1/100 〜 1/200	1/200 以下
W 〔m/s〕	3.5	3.0	2.1

　合理式法において用いる洪水到達時間内の降雨強度は，原則として確率規模別継続時間降雨強度曲線により求めるものである。一例として名古屋観測所の確率規模別降雨強度曲線を**図4.2**に示す。例えば，名古屋において洪水到達時間が3時間の河川において年超過確率 1/100 の降雨を計画対象とする場合は，図で 1/100 の降雨強度曲線を選び，降雨継続時間3時間における降雨強度は 60 mm/h である。

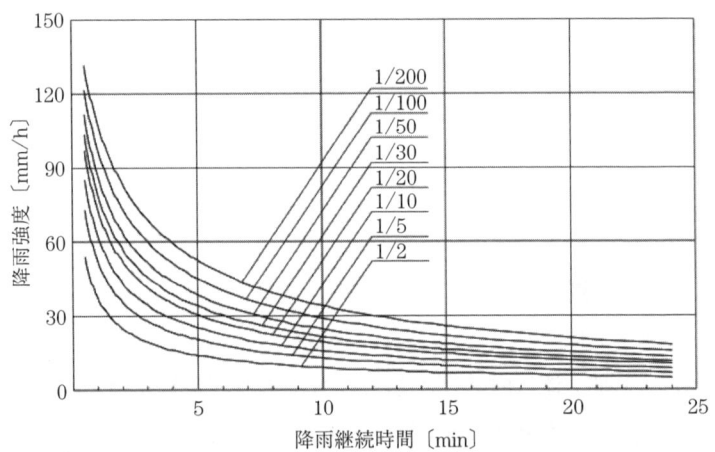

$$i = \frac{b}{t^n + a} \quad (i：降雨強度〔mm/h〕\quad t：降雨継続時間〔min〕\quad a, \, b, \, n：定数)$$

図4.2　確率規模別の降雨強度曲線（名古屋観測所の降雨時間別の確率雨量降雨強度より作成）（出典：愛知県の確率降雨（平成18年1月1日から適用）：名古屋地区の確率雨量と降雨強度式[1]）

　つぎに，河川における洪水流の流れを見てみよう。通常の河川のように水面を持つ流れを**開水路**という。水面を持たず管の中を流れているのは**管路**という。開水路の流れにおいては，流速が伝播速度より小さい流れを**常流**，流速が伝播速度より大きい流れを**射流**という。2.3節で述べたように，**長波**（波長が水深に比べて十分に大きい波）の伝播速度は $\sqrt{gh}$（単位：m/s。ここに，g は

重力加速度で $9.8\,\mathrm{m/s^2}$, h は水深〔m〕）で表される。

　上流においては，流速 v が伝播速度より小さい（$v < \sqrt{gh}$）ので，水位の変化は流れを遡ることができる。このため，下流の水位の影響を受けて上流側の水位も変化する。

　一方，射流においては，流速が伝播速度より大きい（$v > \sqrt{gh}$）ので，水位の変化は流れを遡ることができない。このため，下流の水位に影響されて上流側の水位が変化することはない。

　流速と伝播流速が一致する流れを**限界流**といい，**図 4.3** に示すように限界流が生じる断面を支配断面，その水深を**限界水深**という。$Fr = v/\sqrt{gh}$ を**フルード数**といい，$Fr = 1$ の流れが限界流，$Fr < 1$ の流れが常流，$Fr > 1$ の流れが射流である。射流から常流に変わるときには，不連続に水深が急速に増大する**跳水現象**が生じる。

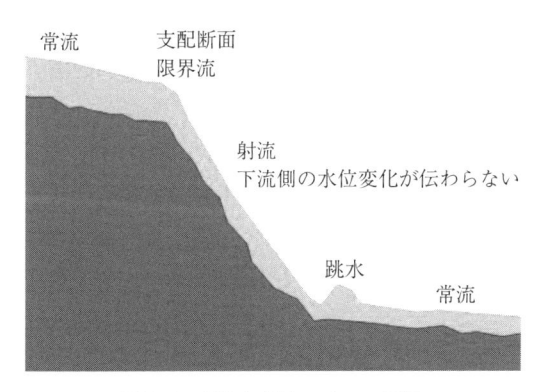

図 4.3　常流と射流のイメージ図

　洪水時の河川の流れは，山間の急流部を除いて平地部においてはほとんどが常流である。常流においては河川水位は下流の影響を受けるので，ある河川が下流端で水位の高い河川に合流する場合は，合流先河川の水位の影響を受けてその河川の上流に向かって水位が上昇することになる。ある河川の流末の河口部の潮位が高い場合もその河川の上流に向かって水位が上昇することになる。

　河川の流量が変わらず，長い区間にわたって勾配や断面の形が均等で水深も

一様な場合には，**等流計算**という比較的簡易な計算方法で水位と流量の関係が表されるが，そのような河川でも下流水位が合流先河川水位や潮位の影響を受ける場合は水深が一様とならず，下流から上流へ向かって計算を繰り返して水位を求めていく**不等流計算**というやや複雑な計算が必要になる。

　等流とは，長い区間にわたって勾配や断面の形が均等な水路で，水路のどの部分でも流れの断面形状や流速が均等な流れをいい，**不等流**とは，断面の幅や形状，河床の勾配が変わる水路で，流れの断面形状や流速が場所によって変化する流れをいう。等流，不等流のいずれも，水路を流れる水量が時間的に変化しない，すなわち流量が一定な場合（定常な流れ）を前提としている。流量が時間的に変動する場合（非定常な流れ）は**不定流**といい，必要となる計算式も複雑となるので，説明は省略する。ここでは，等流計算を中心に説明する。

　等流においては，流量と水路勾配と断面形状をもとにマニングの式を使って水位を求めることができる。河川の流速は，水面勾配が大きいほど大きくなり，また，径深が大きいほど（水が深いほど）壁や底の摩擦の影響が少なくなり，流速は大きくなる。そして，壁や底の凹凸が激しいほど抵抗が大きくなり，流速は小さくなる。これらの法則を実験に基づいて数式で表したのが，つぎに示す**マニング（Manning）の式**である。

$$v = \frac{1}{n} R^{\frac{2}{3}} I^{\frac{1}{2}}$$

ここに，v：流速〔m/s〕，n：粗度係数（平地河川で 0.020 〜 0.035），R：径深〔m〕（流積 A を潤辺 S で割った値），i：水面勾配である。

　次式のように流速と流積を掛け合わせると流量になる。

$$Q = Av$$

ここに，Q：流量〔m³/s〕，A：流積〔m²〕である。

　マニングの式を用いる等流計算は，計算が容易でたいへん便利な方式であるが，下流の影響を受ける河川の一般的な流れを表すことはできないため，河川の洪水現象を表すためには，不等流計算が不可欠になる。ここでは不等流計算などの詳細な説明は行わないが，河道の縦横断形や粗度がわかっており，上流

から流入する流量と下流の水位が与えられれば，下流から上流へ向かって計算を繰り返すことによって順次水位を求めることができる。

4.2 高潮および波浪の発生

4.2.1 高 潮 の 発 生

高潮は，台風や発達した低気圧などに伴い，気圧が下がり海面が吸い上げられる効果と強風により海水が海岸に吹き寄せられる効果のために，海面が異常に上昇する現象である。台風や発達した低気圧の接近，上陸に伴って短時間のうちに急激に潮位が上昇し，海水が海岸堤防などを超えると背後地が一気に浸水する。また，高波が加わるとさらに浸水の危険が増す。

高潮発生のおもな要因としては，以下の二つがあげられる[2]。

1） 気圧低下による海面の吸上げ

台風や低気圧の中心付近では，気圧が低いため，その部分の空気が海面を吸い上げるように作用する結果，海面が上昇する。

気圧が1 hPa（ヘクトパスカル）低くなると，海面は約1 cm上昇する。気圧が約990 hPaの場合は，標準的な地表の気圧1気圧 = 1 013 hPaに対して，1 013 − 990 = 23となるので，23 cmの海面上昇量となる。

2） 風による吹寄せ

台風に伴う強い風が沖から海岸に向かって吹くと，海水は海岸に吹き寄せられ，海岸付近の海面が上昇する。水深が浅いほど，風の吹寄せ作用が働き，高潮が発達しやすくなる。

以上のほかに，高潮を発達させる要因として，波浪による海面上昇，台風に伴う高波の発生，港内などにおける海面の副振動現象，天文潮における満潮，そして河川流の影響があげられる。

東京湾，伊勢湾，大阪湾，有明海などは，高潮の起こりやすい条件を備え，わが国で最も危険な地域といえる。また，高潮の発生頻度は，太平洋側の湾内で多く，日本海側では比較的少なくなっている。高潮の規模は台風の規模や通過するコースに大きく影響され，湾口が南に面し，湾の軸が台風の進路と一致

する場合には，高潮が生じやすくなる。

　高潮による海面上昇は，海底地形や海岸形状により大きく異なる。ゼロメートル地帯，V字谷など山地が海岸線に迫っているところ，湾奥，急深な海底地形，河口，港内などでは，特に高潮に対する注意が必要である[3]。

　高潮に対して特に注意が必要となるのは，台風が接近・上陸しているときである。満潮時刻はもちろん，満潮時刻の前後数時間は，潮位が短時間のうちに異常に上昇することがある。危険潮位を超えると，海岸堤防などを越えて浸水のおそれが生じる。台風が接近すると，暴風，激しい雨，波しぶきで避難所へ移動することが困難になるので，安全に行動できるうちに避難することが大切であり，気象台からの台風情報や高潮警報，市町村長からの避難情報などに注意が必要である[4],[5]。

4.2.2　波浪の発生

　海の波は，風浪とうねりが混在しており，それらをまとめて**波浪**と呼んでいる。

　海上で吹く風によって立ちはじめた波が進む速さ（以下，波速）より風速が大きいと，波は風に押されて発達を続ける。このように海上で吹く風によって生じる波を**風浪**と呼ぶ。風浪は発達過程の波に多く見られ，個々の波の形状は不規則で尖っており，強風下ではしばしば白波が立つ。発達した波ほど波高が大きく，周期と波長も長くなり，波速も大きくなる。風浪の発達は理論上，波速が風速に近づくまで続くが，強い風の場合は先に波が砕けて発達が止まる。

　一方，風浪が風の吹かない領域まで進んだり，海上の風が弱まったり風向きが急に変化するなどして，風による発達がなくなった後に残される波を**うねり**と呼ぶ。うねりは減衰しながら伝わる波で，同じ波高の風浪と比較すると，その形状は規則的で丸みを帯び，波の峰も横に長く連なっているので，ゆったりと穏やかに見えることもある。しかし，うねりは風浪よりも波長や周期が長いために水深の浅い海岸（防波堤，磯，浜辺など）付近では海底の影響を受けて波が高くなりやすいという性質を持っている。そのため，沖合から来たうねり

が海岸付近で急に高波になることがある[6]。

　台風の中心付近では 10 m を超える高波になることがある。また，台風がわが国のはるか南海上にある場合でも，台風によって発生した高波がうねりとなってわが国の太平洋沿岸まで伝わってくる。穏やかな天気でも海岸には高波（**土用波**とも呼ばれる）が打ち寄せることがある。

　台風や発達した低気圧が近づいて波が高くなってきている最中に釣りやサーフィンをしたり，海を見るために海岸へ出かけたりして，高波にさらわれる事故が毎年のように発生している。波浪警報，注意報が発表されているときは，むやみに海岸に近づかないよう注意する必要がある[7]。

　ここで，波高とは，海上に現れる波の山とそれに続く波の谷との高さの差である波の高さをいう。波長とは，波の山の頂上からつぎの波の山の頂上までの距離をいい，一つの波の山の頂上が通過してからつぎの波の山の頂上が来るまでの時間を周期という（**図 4.4**）。水深が十分に深い海域では，波長は周期の 2 乗に比例する[6]。

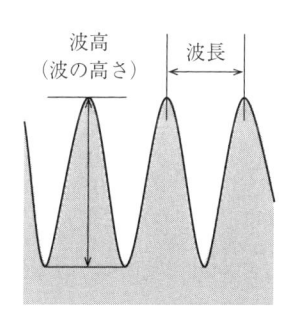

図 4.4　波高と波長

　また，波浪災害に関してしばしば**有義波高**という用語が用いられる。海岸で打ち寄せる波を見ているとわかるように，実際の海面の波は一つひとつの波高や周期が均一ではない。そこで，複雑な波の状態をわかりやすく表すために用いる統計量である。ある地点で連続する波を一つずつ観測したとき，波高の高いほうから順に全体の 1/3 の個数の波（例えば，100 個の波が観測された場合，高いほうから 33 個の波）を選び，これらの波高および周期を平均したものをそれぞれ有義波高，**有義波周期**と呼び，その波高と周期を持つ仮想的な波を有

義波と呼ぶ（**3分の1最大波**と呼ぶこともある）。このように有義波は統計的に定義された波で，気象庁が天気予報や波浪図などで用いている波高や周期も有義波の値である[6]。

4.3 世界の洪水と高潮

古来より人類は自然の恵みのもとに発展する一方，自然の脅威にさらされて栄枯盛衰の歴史を繰り返してきた。水は平常時には人々に恵みを与える一方で，少な過ぎると干ばつとなり深刻な影響を与え，多過ぎると洪水の氾濫により多大な被害を及ぼす。木材を燃料として利用するために森林を乱伐したり，農地を拡大し過ぎることによって，河川の洪水氾濫が激化することがあった。

河川の流域に発達した世界最古とされるメソポタミア文明はユーフラテス川の大洪水によって滅びたといわれている。そのほか，エジプト文明，インダス文明，黄河文明などが滅びた原因も大洪水といわれている[8]。

中国の春秋時代の宰相が，国を治める方策として「善（よ）く国を治める者は，必ずまず水を治める」と熱弁をふるっていたという。水害や干ばつを克服してはじめて，国民生活の安定，天下太平，国家繁栄を維持することができると考えていた。

国連の調査によると，1970年から2012年までの間に世界で8 835件の気象災害により194万人が死亡し，被害額は2兆4 000億ドルにのぼった。全気象災害のうち**暴風雨**（storms）と**洪水**（floods）が件数で79 %を占め，死者総数の54 %，経済被害の84 %を占めた。干ばつは，1975年，1983年，1984年にアフリカで特に深刻な状況となり，死者総数の35 %を占めた。死者数の多い災害は，おもに発展途上国で発生し，経済被害の大きい災害はおもに先進国および新興国で発生する傾向がある[9]。

世界の各地で発生している発達した熱帯低気圧は，地域ごとにさまざまな呼び方がされている。台風，ハリケーン，サイクロンのいずれもそれぞれの地域に存在する熱帯低気圧を強さによって分類している用語の一つであり，台風は，東経180°より西の北西太平洋および南シナ海に存在する熱帯低気圧のう

ち，最大風速が約 17 m/s 以上になったものをいう。ハリケーンは，北大西洋，カリブ海，メキシコ湾および西経 180° より東の北東太平洋に存在する熱帯低気圧のうち，最大風速が約 33 m/s 以上になったものをいう。そして，サイクロンは，ベンガル湾やアラビア海などの北インド洋に存在する熱帯低気圧のうち，最大風速が約 17 m/s 以上になったものをいう。なお，サイクロンは熱帯低気圧と温帯低気圧の区別をせず，広く低気圧一般を指す用語としても用いられることがある[10]。

アメリカのメキシコ湾沿岸や，ベンガル湾に面したインドやバングラデシュなどは，大規模な遠浅の海が広がっているため，高潮が起こりやすく，古くから大きな災害に見舞われている。

ベンガル湾沿岸では，1970 年 11 月に現在のバングラデシュとインドの西ベンガル州を襲ったサイクロンにより 30 万人の人命が失われた。バングラデシュは，当時の東パキスタンであり，西パキスタンからの分離独立をめぐる内戦の混乱状態のため死者数は確かではなく，100 万人を超えたともいわれている。死者 1 万人を超える高潮災害は，バングラデシュにおいては 10 年に 1 回程度の頻度で発生しており，1991 年 4 月にバングラデシュを襲ったサイクロンでは，ベンガル湾最奥部のガンジスデルタ海岸は最高潮位が 7 m を超える大きな高潮に見舞われた。死者数は 14 万人にのぼったとされているが，30 万人に達したとの推定もされている[11]。

メキシコ湾沿岸については，1900 年 9 月のハリケーンがテキサス州ガルベストンを襲い，死者はおよそ 1 万人というアメリカ最大の高潮災害をもたらした。ガルベストンは，アメリカ本土から 4 km ほど離れた幅 2 ～ 3 km の標高 10 m 以下の細長い砂州に位置している[11]。

2005 年 8 月にはミシシッピデルタにあるニューオーリンズ市がハリケーン・カトリーナの高潮により市域の 80 ％が浸水し，死者はルイジアナ州だけでも少なくとも 986 人に及び，ニューオーリンズ市の人口は，484 674 人（2000 年 4 月現在）から 230 172 人（2006 年 7 月現在）へと半分以上減少した。なお，市の人口は，2015 年 7 月には 386 617 人とおおむね 80 ％回復している。この

ハリケーンによる被害総額は 1 350 億ドルにのぼったとされており，翌月のハ
リケーン・リタによる被害を含めると 1 500 億ドル（いずれも 2005 年価格）
とされている[12]。

　最近の世界のおもな風水害としては，2011 年 4 月から 5 月にかけてアメリ
カでミシシッピ川大洪水が発生した。1927 年，1993 年に匹敵する規模の大洪
水であった。アーカンソー，イリノイ，ケンタッキー，ルイジアナ，ミシシッ
ピ，ミズーリ，テネシーの各州で氾濫し，21 000 棟の建物が被災し，農地の被
害は 120 万エーカー（4 900 km²）に及び，被害額は 28 億ドルにのぼった[13]。

　ミシシッピ川上流域の融雪，2 月から 4 月にかけての大雨と 4 月末から 5 月
初めにかけての大雨が原因であった。4 月 19 日から 5 月 14 日にかけての 2 週
間の雨量は，アーカンソー市（Arkansas City）からカラザーズビル（Caruthersville）
にかけてのミシシッピ川流域で 8 〜 16in（200 〜 410 mm），カラザーズビル
（Caruthersville）からチェスター（Chester）にかけてのミシシッピ川流域お
よびオハイオ川下流域で 12 〜 22in（300 〜 560 mm）にのぼった。ヴィック
スバーグおよびナチェ地点をはじめミシシッピ川下流域のほとんどの箇所で，
水位および流量が観測記録の最高を記録した。ヴィックスバーグ地点の洪水
ピーク流量 2 310 000 cu ft/s（cubic feet per second）（65 000 m³/s）は，1927 年
の記録 2 278 000 cu ft/s（64 500 m³/s）を超えたが，計画洪水（project design
flood）のヴィックスバーグ地点流量 2 710 000 cu ft/s（77 000 m³/s）の 85 %
にとどまり，ミシシッピ川本支川プロジェクト（MR&T project）による下流
域の許容流量規模を下回った。この単一の洪水において，バーヅポイント
ニューマドリド放水路（Birds Point New Madrid（BPNM）floodway），モーガ
ンザ放水路（Morganza floodway），ボネカレ放水路（Bonnet Carré spillway）
のすべてが運用された。MR&T プロジェクトによって 146 万棟が被災から免
れ，被害額が 2 340 億ドル軽減されたといわれている[14]。

　2011 年タイの大洪水は，わが国を含む世界の経済に大きな打撃を与えた。6
月から 9 月までの 4 か月降水量がタイ北部のチェンマイで 921 mm（平年比
134 %）タイの首都バンコクで 1 251 mm（同 140 %），ラオスの首都ビエン

チャンで1 641 mm（同 144 %）になるなど，インドシナ半島のほとんどの地点で平年の約 1.2 倍から 1.8 倍の多雨となった。これによりチャオプラヤ川が氾濫し，2 か月以上にわたり浸水が継続した。この水害では，7 工業団地（全804 社のうち日系企業約 449 社）で浸水被害が発生し，サプライチェーンを通じて世界中の経済活動にも大きく影響した。死者・行方不明者は 818 人（出典：1 月 11 日付タイ政府公表資料）にのぼった[15),16)]。

2012 年 10 月にアメリカのニュージャージー州に上陸したハリケーン・サンディは，大都市ニューヨークを直撃し，世界に衝撃をもたらした。高潮により，地下鉄などが浸水し，800 万世帯が停電したことなどから，交通機関の麻痺，ビジネス活動の停止を通じて経済・社会活動に多大な影響を及ぼした[17)]。死者はアメリカの 125 人を含め，カナダおよびカリブ諸国を合わせて 285 人に及ぶともいわれ[18)]，被害総額はアメリカだけで 710 億ドル（2012 年価格）となった[19)]。

2013 年には，ヨーロッパが大洪水に見舞われた。5 月末から 6 月初めにかけてヨーロッパ中央部の広い範囲にわたって数日間で 100 mm 程度，ところによっては 400 mm の雨が降り，この大雨によりエルベ川，ドナウ川などが氾濫し，ドイツ，チェコ，オーストリア，スイス，スロバキアなど各地で被害が発生した。ドナウ川のイン（Inn）川などとの合流地点であるドイツのパッサウ（Passau）地点では，1501 年以降最高の水位を記録した。エルベ川上流部は，治水事業の効果により 2002 年洪水に比べて決壊箇所は少なかったが，下流側の水位はむしろ高まった。ドイツのマグデブルグ（Magdeburg）地点の水位は最高を記録し，チェコ，オーストリアなどにも大きな被害を及ぼした[20)]。

死者は，チェコ 11 人[21)]，ドイツ 7 人など 5 か国で少なくとも 22 人にのぼり[22),23)]，被害総額はで 2002 年のエルベ川洪水の被害総額 165 億ユーロには及ばなかったが，120 億ユーロ（160 億ドル）を超えたとされている[24)]。

2013 年 11 月には，タイフーン・ハイヤン（平成 25 年 台風 30 号）により，レイテ島を中心としたフィリピン中部で，段波状の高潮が発生し，死者 6 166 人，行方不明者 1 785 人，被災者 1 608 万人に及ぶ甚大な被害が発生した[25)]。

4.4　わが国の洪水と高潮

わが国で風水害が発生するおもな原因は，梅雨期と台風である。**梅雨**とは，晩春から夏にかけて見られる，曇りや雨の日が多く現れる時期のことであり，梅雨の時期に日本列島に東西に伸びて停滞前線が発生した場合に**梅雨前線**と呼ぶ。

前線付近では，暖気と寒気がぶつかって上昇気流が起こり，雲を発生させ，雨を降らせる。ときには，雷を伴った強い雨の降る場合もある。晩春から夏にかけて，南よりの暖気と北よりの寒気の勢力が，わが国の近辺でほぼ釣り合うため，停滞前線の発生回数が増え，梅雨となる。一般的には，太平洋高気圧の勢力が強くなり，前線を北に押し上げ，やがて消滅し，本格的な夏へと移行する。

台風は熱帯などの暖かい海域で発生し，特に熱帯収束帯と呼ばれる領域で発生することが多い。北半球で低気圧中心の周りを反時計回りに気流が回転するのは，地球の自転によって生じる**コリオリ力**と呼ばれる力が作用するためである。コリオリ力は赤道上では働かないので，赤道付近で台風は発生しない。

近年，わが国に犠牲者が1 000 人を超えるような大きな災害をもたらした気象災害の事例を気象庁の資料をもとに，**表4.1**に示す[26]。

［枕崎台風］

枕崎台風は，昭和20（1945）年9月17日に九州南部の枕崎付近に上陸し，四国地方，近畿地方を経て能登半島の西側から日本海に抜け，新潟の北から東北地方に再上陸して，太平洋に抜けた。枕崎上陸時の気圧916 hpaはわが国の観測史上2位に相当し，非常に強い台風である。

また，台風襲来前から前線の影響で連日降雨があり，加えてこの台風による大雨があったため，堤防決壊，土石流などが発生した。この台風による死者は広島県だけで2 012 人にのぼった。

台風は最低気圧が916.6 hPaで，伊勢湾台風を少し上回るエネルギー規模であり，最高潮位 T.P. + 2.6 m，最大偏差1.6 mに達した。混乱していた敗戦直

表 4.1　大きな災害をもたらした気象事例（昭和 20 年〜）

発 生 年 月		原　因	概　　　　要	死者・行方不明者数〔人〕
昭和 20 年（1945 年）	9 月 17 日〜 18 日	枕崎台風	終戦直後を襲った猛烈台風。	3 756
昭和 22 年（1947 年）	9 月 14 日〜 15 日	カスリーン台風	典型的な「雨台風」，利根川，荒川決壊で東京など関東平野が水浸し。群馬・栃木両県で死者・行方不明者 1 100 人以上。	1 930
昭和 28 年（1953 年）	6 月 23 日〜 30 日	梅雨前線	九州北部に大雨。	1 013
昭和 29 年（1954 年）	9 月 24 日〜 27 日	洞爺丸台風	日本海を発達しながら猛スピードで進む。青函連絡船「洞爺丸」遭難。	1 761
昭和 34 年（1959 年）	9 月 26 日〜 27 日	伊勢湾台風	高潮による被害顕著，台風による死者・行方不明者最大。	5 098

（出典：気象庁ホームページ：災害をもたらした気象事例[26]）

後の広島地方を夜間に襲ったことが，多くの死者をもたらすことにつながった[26]。

［ カスリーン台風 ］

昭和 22（1947）年 9 月にカスリーン台風によりわが国の近辺に停滞していた前線の活動が活発化し，関東地方と東北地方では大雨となった。

関東南部では利根川と荒川の堤防が決壊し，埼玉県東部から東京で多くの家屋が浸水した。群馬県，栃木県では土石流や河川の氾濫が多発し，両県で 1 100 人以上の死者・行方不明者が出た。東北地方では北上川が氾濫して岩手県一関市などで大きな被害が発生した[26]。

［ 昭和 28（1953）年の西日本大水害 ］

6 月 22 日に中国で発生した低気圧が，対馬海峡を通過したときに西日本で大雨となり，また，前線近くの東海から関東地方では 23 〜 24 日に強い雨の降ったところがあった。

25 日に朝鮮半島で発生した低気圧は，その後日本海を東に進んで 30 日に秋田付近で消滅した。この低気圧に伴う梅雨前線の活動は活発で，それまでの大

雨の影響もあって，熊本県で死者・行方不明者が 500 人を超えたほか，福岡，佐賀，大分，山口の各県で甚大な被害が発生した[26]。

［洞爺丸台風］

昭和 29（1954）年 9 月 21 日に発生した台風は，26 日鹿児島湾から大隅半島北部に上陸した。九州東部を縦断後，山陰沖から日本海に進んで，さらに発達しながら北海道に接近し，27 日 00 時過ぎには稚内市付近に達した。

函館港から出港した洞爺丸をはじめ，5 隻の青函連絡船が暴風と高波で遭難し，洞爺丸の乗員乗客 1 139 人が死亡するなどの大惨事となった。また，北海道岩内町では 3 300 戸が焼失する大火が発生した。さらに広い範囲で暴風となったため，被害は九州から北海道まで全国に及んだ[26]。

［伊勢湾台風］

昭和 34（1959）年 9 月 21 日に発生した台風は，猛烈に発達し，26 日に上陸後本州を縦断，富山市の東から日本海に進み，北陸，東北地方の日本海沿いを北上し，東北地方北部を通って太平洋側に出た。

紀伊半島沿岸一帯と伊勢湾沿岸では高潮，強風，河川の氾濫により甚大な被害を受け，特に愛知県では死者・行方不明者が 3 300 人以上，三重県では1 200 人以上となった。このほか，台風が通過した奈良県や岐阜県でも，それぞれ 100 人前後の死者・行方不明者があった[27]。

台風が臨海大都市および広大なゼロメートル地帯を持つ伊勢湾の湾奥に大きな高潮を発生させるコースをとり，しかもそれが夜間であったことが被害を大きなものにした。台風の進路の右側では風向が進行方向に一致するので風がより強くなり，進行方向の右側にある湾内で大きな高潮を発生させる。風は反時計回りで吹くので，台風が南から接近してくる場合，その進行右側では風向が東方向から南方向へと変化して，最接近時には強い南風（進行方向に平行の風）が吹く。伊勢湾は「く」の字のような形で，太平洋に向け南東方向に開口している。台風は潮岬に上陸してから湾北部の長軸に平行に北北東に進行した。これは湾北部の長軸に平行であり，この結果，まず東方向からの強風によって沖合から湾内に送り込まれた海水は，しだいに南向きに変わっていく風

によりさらに湾奥へとまっすぐに吹送される状態が続き，吹送距離が長くなって大きな高潮が発生した。伊勢湾台風による高潮は，伊勢湾全体の海面を1時間近くにわたって2m程度上昇させ，破堤総延長は湾奥部低平地を中心に220か所33km近くに及んだ。背後地が海抜ゼロメートル地帯であったことから300 km^{2}が水没し，排水を完了するまで12月下旬まで3か月を要した[25]。この台風により名古屋港で3.89 m（天文潮を除くと3.45 m）というわが国で最大の高潮の潮位を記録した。伊勢湾台風では，暴雨警報が10時間前に出されていたが，住民はそれを重大視せず，事前避難対応はほとんどなかった。6年前の昭和28（1953）年に13号台風の被害が大きくなかったため危機意識が薄かったことも考えられる[28),29)]。

　伊勢湾台風を経験して以降は，犠牲者が1000人を超えるような気象災害は発生していないが，平成23（2011）年以降の主要な気象災害を気象庁の情報をもとに以下に示す（**表4.2**）[26]。

[平成23（2011）年の台風12号紀伊半島豪雨災害]

　9月3日に高知県東部に上陸，18時過ぎに岡山県南部に再上陸し，その後4日未明に山陰沖に進んだ台風12号が大型でさらに動きが遅かったため，長時間にわたって台風周辺の非常に湿った空気が流れ込み，西日本から北日本にかけて，山沿いを中心に広い範囲で記録的な大雨となった。8月30日17時から9月5日24時までの総降水量は，紀伊半島を中心に広い範囲で1000 mmを超えた。

　また，西日本の太平洋側を中心に平均風速20mを超える非常に強い風，海上では波の高さが6mを超える大しけとなり，沿岸では高潮となった。

　この台風による土砂災害，浸水，河川の氾濫などにより，埼玉県，三重県，兵庫県，奈良県，和歌山県，広島県，徳島県，香川県，愛媛県などで死者83人，行方不明者15人となり，北海道から四国にかけての広い範囲で床上浸水5 499棟，床下浸水16 592棟，住家全壊380棟，半壊3 159棟など（消防庁調べ：平成29年8月29日）の住家被害，田畑の冠水などの農林水産業への被害，鉄道の運休などの交通障害が発生した。また，和歌山県や奈良県内では豪

表4.2　災害をもたらした最近の気象事例（平成23（2011）年〜）（消防庁調べによる）

発 生 年 月		原　　因	気 象 状 況	死者・行方不明者数〔人〕
平成23年 (2011年)	8月30日 〜9月6日	台風12号による大雨	紀伊半島を中心に記録的な大雨	98
平成23年 (2011年)	9月15日 〜22日	台風15号による暴風・大雨	西日本から北日本にかけての広い範囲で，暴風や記録的な大雨	20
平成24年 (2012年)	7月11日 〜14日	平成24年7月九州北部豪雨	九州北部を中心に大雨	32
平成25年 (2013年)	10月14日 〜16日	台風26号による暴風・大雨	西日本から北日本の広い範囲で暴風，大雨	43
平成26年 (2014年)	2月14日 〜19日	発達した低気圧による大雪，暴風雪	関東甲信，東北，北海道で大雪，暴風雪	24
平成26年 (2014年)	8月15日 〜20日	平成26年8月豪雨	西日本から東日本の広い範囲で大雨	85
平成27年 (2015年)	9月7日 〜11日	台風18号などによる大雨	関東，東北で記録的な大雨	14
平成28年 (2016年)	8月16日 〜31日	台風7号，11号，9号，10号および前線による大雨，暴風	東日本から北日本を中心に大雨，暴風。北海道と岩手県で記録的な大雨	29
平成29年 (2017年)	6月30日 〜7月10日	梅雨前線および台風3号による大雨と暴風	西日本から東日本を中心に大雨。5日から6日にかけて西日本で記録的な大雨	43

（出典：気象庁ホームページ：災害をもたらした気象事例[26]）

雨に伴う山崩れにより河道閉塞（天然ダム）が生じた。

　紀伊半島の一部では総雨量2 000 mmを超える大雨となり，新宮川水系では河川整備基本方針の基本高水のピーク流量19 000 m³/s（年超過確率1/100）を上回る観測史上最大の約24 000 m³/sを記録した[30]。降雨は8月31日から9月5日までの6日間継続し，相賀地点上流域の流域平均の総雨量は1 425 mm，2日雨量は計画上想定していた632 mmの1.8倍の1 161 mmを記録した[31]。

　［平成23（2011）年9月の台風15号による西日本から北日本にかけての暴風・大雨災害］

　9月13日に日本の南海上で発生した台風15号が19日には奄美群島の南東海上を北東に進み，20日には中心気圧が940 hPa，最大風速が50 m/sの非常

に強い台風となった。そして，速度を速めて四国の南海上から紀伊半島に接近した後，21 日静岡県浜松市付近に上陸し，強い勢力を保ったまま東海地方から関東地方，そして東北地方を北東に進んだ。その後，台風は 21 日夜遅くに福島県沖に進み，22 日朝に北海道の南東海上に進んだ。台風が，南大東島の西海上にしばらく留まり，湿った空気が長時間にわたって本州に流れ込んだことと，上陸後も強い勢力を保ちながら北東に進んだことにより，西日本から北日本にかけての広い範囲で，暴風や記録的な大雨となった。

9 月 15 日から 9 月 22 日の総降水量は，九州や四国の一部で 1 000 mm を超え，多くの地点で総降水量が 9 月の降水量平年値の 2 倍を超えた。風は，東京都江戸川区江戸川臨海で最大風速が 30.5 m/s となり，統計開始以来の観測史上 1 位を更新するなど，各地で暴風を観測した。

宮城県，静岡県，愛知県などで死者 18 人，行方不明者 1 人となり，沖縄地方から北海道地方の広い範囲で住家全壊 33 棟，半壊 1 577 棟などの住家損壊，土砂災害，床上浸水 2 145 棟，床下浸水 5 695 棟などの浸水害などが発生した（消防庁調べ：平成 23 年 12 月 15 日 18 時 00 分現在）。農業・林業・水産業被害や停電被害，鉄道の運休，航空機・フェリーの欠航などによる交通障害が発生した。

［平成 24（2012）年 7 月の九州北部豪雨］

7 月 12 日朝に対馬海峡まで南下した梅雨前線の南側にあたる九州北部地方で，東シナ海上から暖かく湿った空気が流入し，大気の状態が非常に不安定となった。発達した雨雲が線状に連なりつぎつぎと流れ込んだ熊本県熊本地方，阿蘇地方，大分県西部で，12 日未明から朝にかけて猛烈な雨が継続した。阿蘇市阿蘇乙姫では，同日 01 時から 07 時までに 459.5 mm を観測するなど，記録的な大雨となった。

13 日には，はじめ対馬海峡にあった梅雨前線が午後には朝鮮半島付近まで北上し，14 日にかけて停滞した。九州北部地方では，13 日から 14 日も東シナ海上から暖かく湿った空気が流入し，大気の状態が非常に不安定となった。雨雲がつぎつぎと流れ込み発達したため，13 日は佐賀県，福岡県を中心に，14

日は福岡県，大分県を中心に大雨となった。福岡県八女市黒木では，14日11時30分までの24時間降水量が486.0 mmとなり，観測開始の昭和51（1976）年以来1位の記録となった。

この4日間の総降水量は，福岡県筑後地方，熊本県阿蘇地方，大分県西部で500 mmを超えた観測所が計5地点あり，筑後地方では7月の月平年値の150％以上となった観測所が2地点あった。

この大雨により，河川の氾濫や土石流が発生し，福岡県，熊本県，大分県では，死者30人，行方不明者2人となったほか，佐賀県を含めた4県で，住家被害13 263棟（損壊769棟，浸水12 494棟）となった（消防庁調べ：平成24年7月27日12時00分現在）。そのほか，道路損壊，農業被害，停電被害，交通障害なども発生した。

［平成25（2013）年10月の台風26号による暴風・大雨災害］

台風26号が10月16日明け方に暴風域を伴って関東地方沿岸に接近し，その後，関東の東海上を北上し，16日15時に三陸沖で温帯低気圧に変わった。この台風および台風から変わった温帯低気圧により，15日と16日を中心に，西日本から北日本の広い範囲で暴風，大雨となった。

特に東京都大島町では，台風がもたらす湿った空気の影響で，16日未明から1時間100 mmを超える猛烈な雨が数時間降り続き，24時間の降水量が800 mmを超える大雨となった。10月14日から16日までの総降水量は，東京都大島町大島で824.0 mm，静岡県伊豆市天城山で399.0 mmとなるなど，関東地方や東海地方では300 mmを超えたほか，統計期間が10年以上の観測地点のうち，最大1時間降水量で2地点，最大3時間降水量で9地点，最大24時間降水量で14地点が統計開始以来の観測史上1位を更新した。風については，宮城県女川町江ノ島で33.6 m/s，千葉県銚子市銚子で33.5 m/sの最大風速を観測するなど，各地で暴風を観測した。

死者40人，行方不明者3人，住家全壊86棟，半壊61棟，床上浸水1 884棟，床下浸水4 258棟などの被害となった（消防庁調べ：平成26年1月15日10時00分現在）。

［平成 **26**（**2014**）年 **2** 月の関東甲信，東北，北海道における大雪・暴風雪災
害］

2 月 13 日に発生した低気圧が，16 日にかけて発達しながら本州の南岸を北東へ進んだ。その後，低気圧はさらに発達しながら三陸沖から北海道の東海上に進み，19 日にかけて千島近海でほとんど停滞した。この低気圧の影響で，西日本から北日本にかけての太平洋側を中心に広い範囲で雪が降り，特に 14 日夜から 15 日にかけて，関東甲信および東北地方で記録的な大雪となったところがあった。また，15 日から 19 日にかけて，北日本を中心に大雪や暴風雪となった。14 日から 19 日までの最深積雪は，山梨県甲府市甲府で 114 cm，群馬県前橋市前橋で 73 cm，埼玉県熊谷市熊谷で 62 cm となるなど，統計期間が 10 年以上の観測地点のうち，北日本と関東甲信地方の 18 地点で観測史上 1 位を更新した。風については，北海道えりも町えりも岬で 32.9 m/s，東京都三宅村三宅島で 28.5 m/s の最大風速を観測するなど，各地で暴風を観測した。

この大雪と暴風雪により，岩手県，秋田県，群馬県，埼玉県，山梨県，長野県，岐阜県，静岡，宮崎県で死者 24 人となったほか，近畿地方から北海道の広い範囲で住家損壊などが発生した。また，停電，水道被害，電話の不通，農作物の被害，道路の通行不能，鉄道の運休，航空機の欠航などの交通障害が発生した。特に，関東甲信地方を中心に，道路への積雪やなだれなどによる車両の立ち往生や，交通の途絶による集落の孤立が，複数の都県にわたって発生した（被害状況は，平成 26 年 2 月 21 日 11 時現在の内閣府の情報による）。

［平成 **26**（**2014**）年 **8** 月の豪雨］

8 月 15 日から 20 日にかけて，前線が本州付近に停滞し，前線上を低気圧が東に進んだ。前線に向かって暖かく湿った空気が流れ込んだ影響で，西日本と東日本の広い範囲で大気の状態が非常に不安定となった。

このため，局地的に雷を伴って非常に激しい雨が降り，特に，16 日から 17 日にかけては，近畿地方や北陸地方，東海地方を中心に大雨となり，局地的に猛烈な雨が降ったところもあった。また，19 日から 20 日にかけては，九州北部地方や中国地方を中心に大雨となり，局地的に猛烈な雨が降ったところも

あった。

　被害は北陸，東海，近畿，中国，四国など広範囲にわたり，特に，京都府福知山市に大規模な洪水被害をもたらし，兵庫県丹波市や広島県広島市に大規模な土砂災害をもたらした。

　広島市の土砂災害で，死者77人，住家全壊179棟，半壊217棟，床上浸水1086棟，床下浸水3097棟などの被害となったほか（消防庁平成28年6月24日（金）15時30分消防庁応急対策室第47報），九州から北海道までのその他の地域で，死者8人，住家全壊35棟，半壊129棟，床上浸水2117棟，床下浸水3406棟などの被害を及ぼした（平成26年9月26日（金）11時00分消防庁災害対策室第7報）。

［平成27（2015）年9月の関東・東北豪雨災害］

　9月7日03時に発生した台風18号は，日本の南海上を北上し，9月9日10時過ぎに愛知県知多半島に上陸した後，日本海に進み，同日21時に温帯低気圧に変わった。

　台風18号および台風から変わった低気圧に向かって南から湿った空気が流れ込んだ影響で，西日本から北日本にかけての広い範囲で大雨となり，特に関東地方と東北地方では記録的な大雨となった。

　国が管理する利根川水系鬼怒川のほか宮城県が管理する鳴瀬川水系渋井川など18河川において堤防が決壊するなどにより，各地で浸水被害が発生し（内閣府，平成27年9月関東・東北豪雨による被害状況などについて，平成28年2月19日12時00分現在），死者は20人，住家の被害は全壊81棟，半壊7090棟，床上浸水2523棟，床下浸水13259棟などの被害に及んだ（消防庁調べ：平成29年10月18日10時00分現在）。

　関東地方では**線状降水帯**と呼ばれる積乱雲が帯状につぎつぎと発生する状況となり，長時間にわたって強い雨が降り続き，鬼怒川流域では記録的な大雨となり，常総市三坂町地先（鬼怒川左岸21.0 km付近）の約200 mにわたる堤防決壊や他の箇所の溢水などに伴う氾濫により，常総市の面積の約1/3の面積に相当する約40 km² が浸水し，常総市役所も孤立した。

［平成 28（2016）年 8 月の北海道・東北豪雨災害］

　8 月に相次いで発生した台風 7 号，11 号，9 号は，それぞれ 8 月 17 日，21日，23 日に北海道に上陸した。台風 10 号は，8 月 30 日に暴風域を伴ったまま岩手県に上陸し，東北地方を通過して日本海に抜けた。これらの台風などの影響で，東日本から北日本を中心に大雨や暴風となり，特に北海道と岩手県では，記録的な大雨となった。

　北日本を中心とする 8 月 20 日からの大雨，台風 11 号および台風 9 号による被害は，死者 2 人，住家全壊 6 棟，半壊 17 棟，床上浸水 665 棟，床下浸水2 581 棟などとなり（平成 29 年 2 月 21 日 15 時 00 分現在，消防庁第 14 報），台風 10 号による被害は，岩手県岩泉町の高齢者福祉施設の入所者 9 人を含め死者 23 人，行方不明者 4 人にのぼり，住家全壊 513 棟，半壊 2 280 棟，床上浸水 278 棟，床下浸水 1 784 棟などとなった（平成 29 年 2 月 21 日 15 時 00 分現在，消防庁第 41 報）。

［平成 29 年 7 月の九州北部豪雨災害］

　梅雨前線が，6 月 30 日から 7 月 4 日にかけて北陸地方や東北地方に停滞し，その後ゆっくり南下して，7 月 5 日から 10 日にかけては朝鮮半島付近から西日本に停滞した。また，台風 3 号が，7 月 4 日 08 時頃に長崎市に上陸した後東に進み，5 日 09 時に日本の東で温帯低気圧に変わった。

　梅雨前線や台風 3 号の影響により，西日本から東日本を中心に局地的に猛烈な雨が降り，大雨となった。特に，7 月 5 日から 6 日にかけては，対馬海峡付近に停滞した梅雨前線に向かって暖かく非常に湿った空気が流れ込んだ影響で，西日本で記録的な大雨となった。

　被害は，福岡県，大分県を中心に，死者 38 人，行方不明者 5 人，住家全壊215 棟，半壊 663 棟，床上浸水 390 棟，床下浸水 1 489 棟などとなった（平成29 年 8 月 9 日 17 時 30 分現在，消防庁第 65 報）。

　筑後川水系花月川については，平成 24（2012）年 7 月水害を受けて，平成24 年 7 月豪雨と同規模の降雨があっても氾濫が生じないよう，河川激甚災害対策特別緊急事業を実施し，平成 28（2016）年度末までに概成していた。こ

の事業は，築堤（川幅を部分的に約1.5倍），河道掘削（高水敷を約2m切下げ），橋梁架替，固定堰撤去などを行うことにより，平成24（2012）年と同規模の洪水に対し，川の水位を約1.4m低下させて氾濫を防止しようとするものであった。平成29（2017）年7月豪雨は平成24（2012）年7月豪雨に比べて約1.6倍の降雨となったが，上記の事業実施により浸水面積は約3割減，床上浸水家屋数は約3割減となった[32]。

この出水で大量の土砂や流木が流出し，河道が埋塞した福岡県管理河川の赤谷川，大山川および乙石川について，国土交通省は福岡県知事からの要請を受け，権限代行により緊急的な河道の確保に向けた土砂などの除去を実施する。この権限代行制度は，平成29（2017）年5月に国会で成立した改正河川法に基づいて新たに創設されたものであり，初めての新制度の適用である[33]。

また，国土交通省は福岡県知事からの要望を受け，流出した土砂や流木による二次災害の防止を図るため，筑後川水系赤谷川流域（福岡県朝倉市）において直轄砂防事業により砂防堰堤などの整備を行うこととなった。

4.5　洪水と高潮の災害防止対策

4.5.1　洪水防御対策

河川については，河川法により，洪水，津波，高潮などによる災害の発生防止，河川の適正利用，河川環境の整備，保全がなされるよう総合的に管理することが求められており，そのために河川管理者（一級水系は国土交通大臣，二級水系は都道府県知事）は，水系ごとに河川整備基本方針を定めることとされている。さらに，河川管理者は，河川整備基本方針に沿って計画的に河川の整備を実施すべき区間について，河川整備計画を定めることとされている。

河川整備基本方針には，長期的な観点から，基本高水，計画高水流量配分などの洪水防御の基本となる事項を定める必要があり，河川整備計画は，河川整備基本方針に基づいて20〜30年後の河川整備の目標を明確にして，個別事業を含む具体的な河川の整備の内容を明らかにするものである。

図4.5に，河川整備基本方針などの策定にあたって必要となる一般的な洪

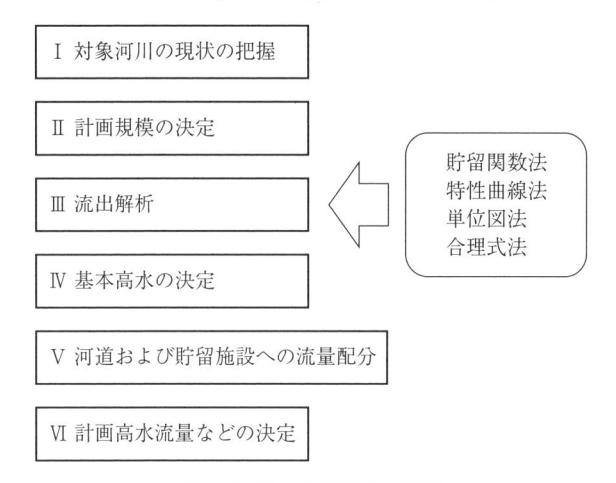

図 4.5 洪水防御計画の手順

水防御計画の手順を示す。

　まず，対象河川の流域面積，流域の土地利用，氾濫面積，人口資産などの社会的特性を把握するほか，地形・河川条件，水理水文特性などを把握したうえで，洪水防御の計画規模を決定する必要がある。

　計画の対象降雨の超過確率年を河川の重要度に応じて，一級河川の主要区間においては 100 ～ 200 年，一級河川の主要な区間以外および二級河川の都市河川においては 50 ～ 100 年，一級河川の主要な区間以外および二級河川の一般河川は重要度に応じて 10 ～ 50 年が採用されている例が多い[34]。

　計画の対象降雨を与えて河川への流出量を計算する手法は既往観測資料の有無や流域の特性に応じて**表 4.3** のように選択する。合理式法は，洪水のピーク流量を推算するための簡便な方法であって，貯留現象を考慮する必要のない河川でピーク流量のみが必要な場合に用いられる。

　基本高水は，選定した対象降雨について適切に流出計算を行い，既往洪水，計画対象施設の性質などを総合的に考慮して洪水のハイドログラフ（横軸に時間，縦軸に流量などをとり，流量などの時間変化を表した図）を求め，洪水防御計画の基本となる洪水流出波形を決定する。そして，河川の計画基準点にお

表 **4.3**　流出計算手法の選択

	合理式法	単位図法	特性曲線法	貯留関数法
水文資料の有無	無	無	無	有
貯留施設の有無	無	有	有	有
内水流域の有無	無	有	有	有
流域面積の大小	小 ～ 中	中	中	大

ける基本高水のピーク流量を定める。ダムなどの洪水を貯留する施設を計画しない場合には，必ずしも洪水のハイドログラフを必要とせず，合理式法などにより洪水のピーク流量のみを算定してよい[34]。

　基本高水のハイドログラフに基づき，ダム，遊水地などの洪水を貯留する施設による洪水調節量と，河道分担量を合理的に配分して定め，河川の主要地点の河道の計画の基本となる高水流量（計画高水流量という）を決定する（図**4.6**）。計画高水流量などの流量配分のイメージを図**4.7**に示す。

　計画高水流量は，河道を整備する場合に基本となる流量であり，計画高水位は，計画高水流量を河川改修後の河道断面（計画断面）で安全に流下させる水位である。計画高水位は，河川整備だけでなく，橋梁などの許可工作物設置に際して考慮すべき基準の一つとなるものである。計画高水位の設定は，一般的

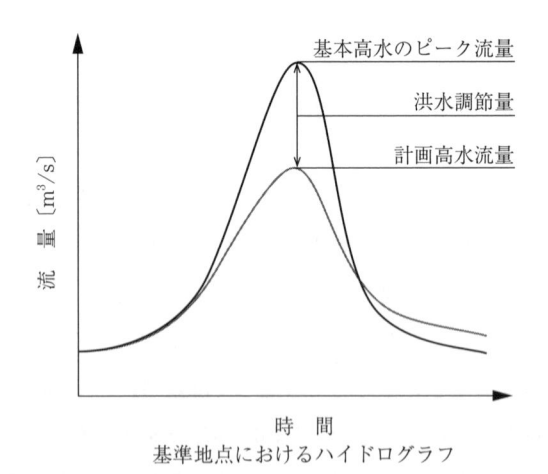

図 **4.6**　洪水ハイドログラフと計画高水流量など

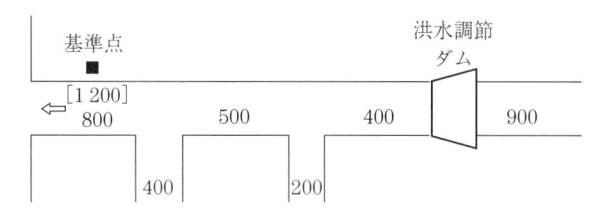

数字は計画高水流量，〔 〕付きは基本高水位のピーク流量，
■は計画基準点を表す。

図 **4.7** 計画高水流量などの流量配分のイメージ〔m³/s〕

には，背後地の土地利用状況や地盤高，河道の状況や地質条件，過去の洪水履
歴，河川整備の経緯などのうち各河川ごとの事情に応じて必要な事項を勘案す
べきである。計画高水位を高く設定すると，災害発生時の被害ポテンシャルが
高くなることや，内水排除がより困難になることなどの問題を生じさせること
から，実績洪水の最高水位を極力上回らないよう設定することを基本としてい
る。

　河川堤防の高さおよび断面については計画高水位を対象に築造されるが，堤
防は土砂でつくることを原則としている（土堤原則）ので，越流や浸透に対し
て十分な配慮が必要である。したがって，**図 4.8** に示すように余裕高が必要

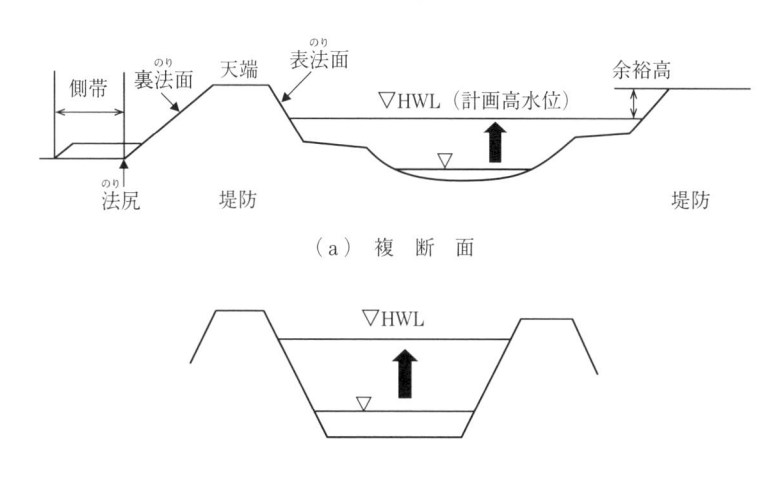

（ a ） 複 断 面

（ b ） 単 断 面

図 **4.8** 河川の横断形

であり，また浸透などに耐える安定した断面形状と構造が必要である。

4.5.2　高潮および波浪の災害防止

　高潮などから沿岸を防護するため，海岸堤防などの施設が整備される。高潮対策としての設計にあたっては，潮位の上限として設計高潮位を定める。しかし，設計高潮位以上の高潮や高波が来襲したり，施設が老朽化したりすることによって，これらの施設が破壊されてしまうこともある。施設が整備されていても，台風情報や高潮警報などを確認して安全に行動できるうちに避難するなどの対応が必要である[5),35),36)]。

　なお，高潮対策としての海岸堤防の高さは

　　　　設計潮位（朔望平均満潮位 ＋ 吸上げ ＋ 吹寄せ）＋ 打上げ高 ＋ 余裕高

という考え方で決められている（**図 4.9**）[35)]。

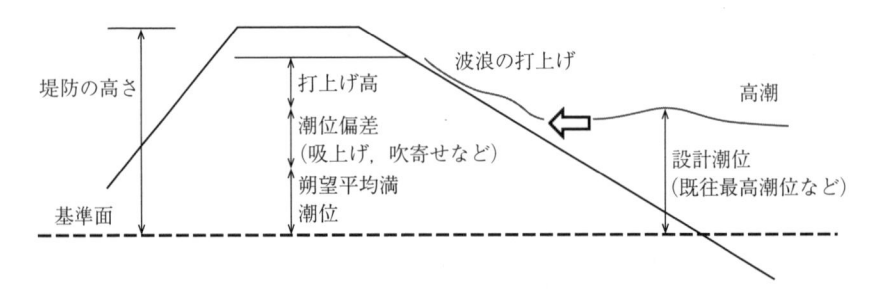

図 4.9　海岸堤防の高さ

　わが国の海岸は，地震や台風，冬季風浪などの厳しい自然条件にさらされており，津波，高潮，波浪などによる災害や海岸侵食などに対して脆弱である。全国で合わせて約 9 600 km の海岸保全施設を有しているが，建設後 50 年以上を経過しているものが約 4 割であり，2030 年にはこれが 7 割に達するなど急速な老朽化が見込まれている[37)]。

　また，IPCC 第 4 次評価報告書によると，地球温暖化に伴う気候変動によって海面の上昇や台風の激化といった現象が生じることが予想されており，高潮などによる災害リスクは今後とも確実に増加することが見込まれる。地球温暖

化による海面上昇について，IPCC 第 4 次報告書では 21 世紀末に想定したうちの最悪のケースでは世界平均海面が 59 cm 上昇するとされており，この場合，わが国の 3 大湾の海抜ゼロメートル地帯の面積，人口はいずれも約 5 割増加すると指摘されている。さらに IPCC 第 5 次報告書では，海面上昇は最悪のケースでは 82 cm に達すると指摘されている[37]。

いま，維持管理・更新しつつ海岸の背後に集中している人命や財産を災害から守るとともに，国土の保全を図ることがきわめて重要である。

また，海面水位の上昇や熱帯低気圧の強度の増大により，砂浜の消失など海岸侵食の増加が想定される。30 cm の海面水位の上昇により，わが国の砂浜の約 6 割が消失するとの予測もある[38]。

平成 21（2009）年 4 月に国土交通省が東京湾沿岸全域を対象とした高潮浸水計算を実施した結果を中央防災会議『大規模水害対策に関する専門調査会』（第 14 回）に報告し，公表した。過去に日本を襲った台風のうち最も勢力の強い昭和 9（1934）年の室戸台風（上陸時 911 hPa）と同じ規模の台風が東京湾を通過するとし，潮位は朔望平均満潮位に地球温暖化による海面水位上昇量 0.6 m を考慮し，漂流物で水門が閉まらず東京の海抜ゼロメートル地帯の堤防が決壊するという最悪の事態を想定して計算（ポンプ場などの排水施設が水没して使えなくなるとする）すると，浸水面積は，東京や千葉，横浜など湾の周辺 280 km^2，浸水区域内の人口は約 140 万人にのぼり，浸水の深さは，海抜ゼロメートル地帯の東京都江東区や千葉県浦安市，船橋市などで 5 m に及ぶ地域も発生し，千葉や横浜，川崎など多くの地域で 2 m を超える浸水となる。住民の事前避難が間に合わないとすると，死者は約 7 600 人にのぼる。海面の高さがピークを迎えた 3 時間後には最大約 80 万人が孤立するとの試算も出た。湾の周辺約 51 km^2 の地域では水が完全に引くまでに 2 週間以上かかる[39]。

5 土 砂 災 害

本章では，土砂災害のメカニズムを概説し，近年の土砂災害の発生状況を概観する。そのうえで土砂災害防止対策の現状について述べる。

5.1　土砂災害の発生

わが国は，国土の約 70 ％が山地であり，たいへん険しい地形となっている。川は急な流れで，もろくて崩れやすい岩や土でできている山々を深く削りながら，海までの短い距離を一気に流れ下る。また，世界全体の 1 割を超える活火山が分布し，大きな地震にも見舞われる。このような地形や地質などの条件に加えて，梅雨や台風などによりたびたび大雨が降るため，土砂災害が発生しやすい。さらに，山を背後に抱えた狭い平地が多くの人々の暮らす場となっており，特に都市部では山を切り開いて開発され，崖のすぐそばや谷の出口にまで住宅地が形成されている例が多く見られる。これも，わが国で土砂災害が多いひとつの大きな要因となっている[1]。わが国は土砂災害との共存を運命づけられた唯一の先進国といえる。

5.1.1　土砂災害の形態

土砂災害は，崖崩れや土石流，地すべりなどにより人の生命や財産が脅かされる災害である。**土石流**は，山腹や渓床を構成する土砂石礫の一部が長雨や集中豪雨などによって水と一体となり，一気に下流へ押し流される現象であり，流れの速さは 20 〜 40 km/h という速度で一瞬のうちに人家や畑などを壊滅させてしまう。地すべりは，斜面の土塊が地下水などの影響によりすべり面に沿ってゆっくりと斜面下方へ移動する現象であり，一般的に広範囲に及んで移

動土塊量が大きいため甚大な被害を及ぼす可能性が高い。崖崩れは，雨や地震などの影響によって，土の抵抗力が弱まり，急激に斜面が崩れ落ちる現象であり，ひとたび人家を襲うと逃げ遅れる人も多く死者の割合も高くなる。土砂災害の多くは大雨が原因で発生するが，火山噴火や地震などによって発生することもある。

5.1.2 深層崩壊

土砂災害の形態は，土石流，地すべり，崖崩れに分けられるが，崩壊の形態は，表層崩壊と深層崩壊に分けられる（表層崩壊でないものを深層崩壊と呼んでいる）。一般的に崖崩れは，表層崩壊によるものが多い。土石流は表層崩壊によるものが多いが，1997 年の鹿児島県出水市の針原川の事例のように，深層崩壊に由来するものもある。また，地すべりは一般的には深層崩壊に伴って発生する現象で動きが緩慢なものが多い。深層崩壊として特に問題にされるのは，動きが速い深層崩壊である。

深層崩壊とは，山崩れ，崖崩れなどの斜面崩壊のうち，すべり面が表層崩壊よりも深部で発生し，表土層だけでなく深層の地盤までもが崩壊土塊となる比較的規模の大きな崩壊現象である。これに対し，**表層崩壊**は，山崩れ，崖崩れなどの斜面崩壊のうち，厚さ 0.5 〜 2.0 m 程度の表層土が，表層土と基盤層の境界に沿って滑落する比較的規模の小さな崩壊のことをいう。

深層崩壊は，降雨，融雪，地震などが原因となって起きる。降雨が原因となる場合は，総降雨量が 400 mm を超えると増えるとの指摘もあり，短時間降雨よりも長時間降雨に影響されるといわれている。地形的には岩盤クリープ，円弧状クラックなど，深層崩壊が発生しやすい微地形があるといわれている。また，渓流域の集水面積が大きい，比高差が大きいなど水の力がかかりやすい地形は相対的に深層崩壊が発生しやすいといわれている[2]。

深層崩壊により，崩壊土塊（土砂）が高速で移動して，移動土塊がそのまま土石流となって流れ下る場合や，天然ダムを形成する場合などがある[3]。

5.2　近年の土砂災害

　平成 23（2011）年の紀伊半島豪雨災害については，4.4 節において概要を述べたが，台風 12 号により紀伊半島を中心に 1 000 mm を超える記録的な豪雨となり，河道閉塞（天然ダム），地すべり，土石流など大規模な土砂災害が多数発生した[4]。

　この災害では深層崩壊と考えられる大規模な斜面崩壊が多数発生した。大規模な斜面崩壊 16 か所では，崩壊土砂が河川をせき止める「河道閉塞」が起きた。そのうち全閉状態となったのが 4 か所（五條市大塔町赤谷，野迫川村北股，十津川村長殿，栗平），部分閉塞状態となったのが 12 か所（五條市大塔町辻堂ほか 1 か所，黒滝村赤滝 2 か所，天川村坪内，野迫川村檜股，十津川村長殿ほか 3 か所，上北山村白川，東吉野村麦谷）であった。河道閉塞箇所では決壊した場合，下流側の集落などに大きな被害が発生する可能性があるため，長期間の警戒，避難が必要となった[5]。

　平成 26（2014）年 8 月の豪雨については，4.4 節において概要を述べたが，中国地方では，低気圧に伴う北日本から対馬海峡付近にのびた前線と湿った空気の影響で，8 月 20 日に日降水量が 200 mm を超える大雨となった。特に，広島県広島市安佐北区三入では，最大 1 時間降水量が 101.0 mm，最大 3 時間降水量が 217.5 mm，前日からの最大 24 時間降水量が 257.0 mm となり，いずれも観測史上 1 位の値を更新する大雨となった[6]。

　広島市の死者は 77 人となり，記録が残っているもののうち，一つの土砂災害としては昭和 58（1983）年の島根災害で 87 人の死者・行方不明者となって以降最大の人的被害となった。また，局地的な土砂災害という点で，1 回の降雨で，かつ一つの市町村で発生した土砂災害としては，昭和 57（1982）年の長崎災害で長崎市の死者・行方不明者 194 人（県内全体 220 人）となって以降最大の人的被害であった[7]。広島県で 32 人の犠牲者となった平成 11（1999）年 6 月の広島土砂災害が土砂災害防止法を改正するきっかけとなったが，これを上回る災害となった。

5.3　土砂災害の防止

　土砂災害の防止策について，土石流，地すべり，崖崩れのそれぞれについて以下に述べる。

　土石流対策としては，渓流の上流に**砂防堰堤**をつくることによって，土砂を貯め，土砂の生産，流出を抑制することができる。また，谷の出口に砂防堰堤をつくることにより，発生した土石流を直接受け止めることができる。

　木曽川支流の滑川では，平成元年7月，豪雨によって大土石流が発生したが，滑川第一砂防堰堤により下流での土石流災害を抑えることができた。また，平成11（1999）年6月に発生した広島県沿岸部の集中豪雨では，荒谷川中流部砂防ダムにより，土石流，流木による被害を食い止めることができた（**図5.1**）[8]。

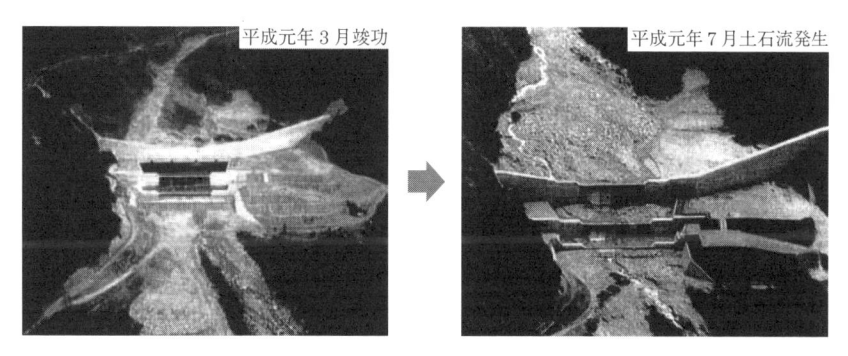

平成元年3月竣功　平成元年7月土石流発生

図5.1　土石流とその対策
（出典：国土交通省ホームページ：砂防＞土石流とその対策[8]）

　最近は，砂防堰堤を透過型のスリットタイプとすることが多くなっている。スリット砂防堰堤は，渓流の流れを遮ることなく，平常時には土砂を流下させる一方，土石流や洪水中の土砂の流出を捕捉し，洪水の後半，または中小出水時に，その土砂を流下させるものである。これにより，渓流の下流に必要な粒

径の土砂が流水によって供給されるとともに，魚類，渓流昆虫，野生動物など
がスリット部を通って，堰堤の上下流を移動することが可能となる。ただし，
スリット砂防堰堤は，渓流の河床や，山脚の固定を目的とした箇所には適さな
い[9]。

地すべりは，さまざまな要因（地形，地質，地質構造，降雨，人為など）が
組み合わさって発生するため，地すべり対策工の種類も多岐にわたっている。
大きく分類すると抑制工と抑止工に分けられ，抑制工は地すべりのもととなる
要因自体を低減あるいは除去することを目的とし，抑止工は地すべりを構造物
で防ぐことにより安定化を図るものである（**図5.2**）[10]。

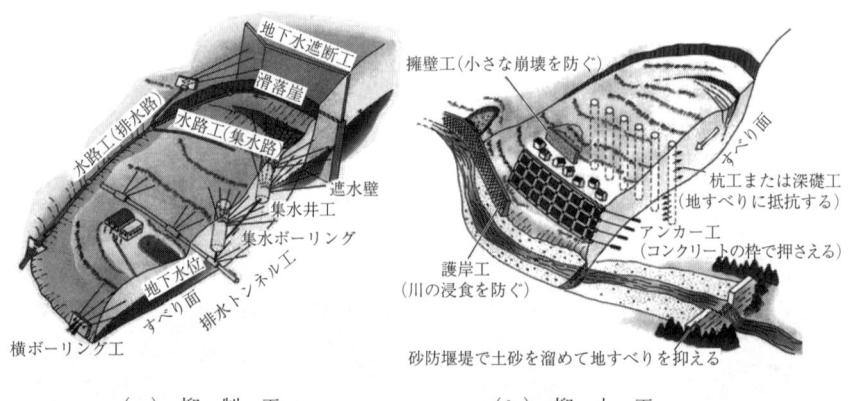

（a）抑　制　工　　　　　　　　（b）抑　止　工

図5.2　地すべりとその対策
（出典：国土交通省ホームページ：砂防＞地すべりとその対策[10]）

崖崩れ対策には，崩れを防止することを目的とする抑止工と，崩れの原因を
取り除くことを目的とする抑制工があり，これらを兼ねた工法もある。斜面の
傾斜角や法高，その場所の地質や気候条件などに応じて，適切な工法を選択，
あるいは組み合わせる必要がある。想定される崩壊要因や崩壊形態を踏まえ，
特性に見合ったものを採用する必要がある[11]。崖崩れ対策のイメージ図を図
5.3に示す。

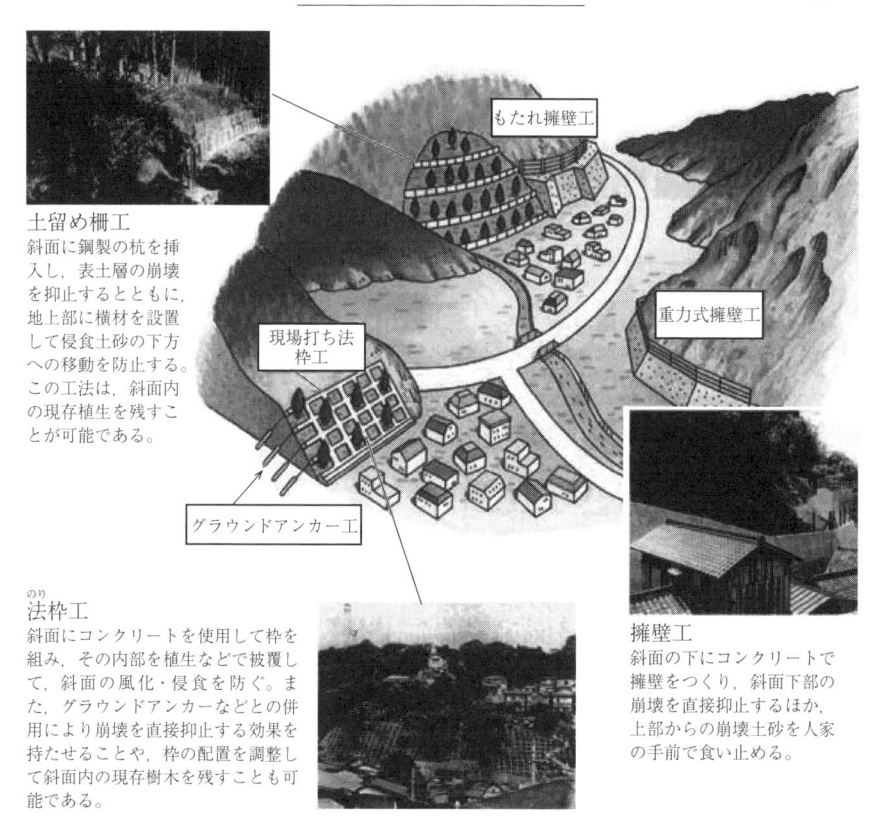

土留め柵工
斜面に鋼製の杭を挿入し，表土層の崩壊を抑止するとともに，地上部に横材を設置して侵食土砂の下方への移動を防止する。この工法は，斜面内の現存植生を残すことが可能である。

**のり
法枠工**
斜面にコンクリートを使用して枠を組み，その内部を植生などで被覆して，斜面の風化・侵食を防ぐ。また，グラウンドアンカーなどとの併用により崩壊を直接抑止する効果を持たせることや，枠の配置を調整して斜面内の現存樹木を残すことも可能である。

擁壁工
斜面の下にコンクリートで擁壁をつくり，斜面下部の崩壊を直接抑止するほか，上部からの崩壊土砂を人家の手前で食い止める。

図5.3 崖崩れとその対策（出典：国土交通省ホームページ：砂防＞崖崩れとその対策[12]）

6

渇水などの水問題

本章では，渇水などの水問題のメカニズムを概説し，そのうえで近年の世界およびわが国における渇水などの発生状況を概観し，最近の発生形態の特徴を把握し，そのうえで今後の対策を論じる。

6.1 世界の干ばつと水問題

6.1.1 世界の干ばつ

1.1 節で 1970 年以降の世界の自然災害の人的被害の推移を示したように，アフリカ東部において，死者が数十万人にのぼる干ばつ被害が複数回記録されている。アフリカの角と呼ばれる，アフリカ大陸東端のソマリア全域およびエチオピアの一部などを占める東アフリカ地域は，干ばつによる飢饉が多発している。

最近では，2011 年から 2012 年にかけて，ソマリア，ジブチ，エチオピア，ケニヤといった東アフリカ地域に干ばつによる食糧危機をもたらした[1]。死者は 5 ～ 26 万人にのぼったといわれている[2]。東アフリカにおける干ばつの頻度が増大しているのは，気候変動が影響しているとの意見もある[3]。

世界的には干ばつは毎年のように起きており，ここ数年だけでも世界各地で深刻な干ばつが発生している。2014 年に中国では，南部で 7 月に台風により740 万人が被災するという深刻な洪水被害が起きた一方で[4]，6 ～ 8 月に中国北東部や東部で深刻な干ばつとなった。中国の北東部と黄河および淮河の流域には，6 ～ 8 月の降水量が平年の半分に満たないところがあり，中国リャオニン（遼寧）省シェンヤン（瀋陽）では 6 ～ 8 月の 3 か月降水量が 163 mm（平年比 37 %），中国ホーナン（河南）省チェンチョウ（鄭州）では 6 ～ 8 月の 3

か月降水量が 146 mm（平年比 41 %）であった[5]。陝西省は 53 年ぶり，河南省は 63 年ぶりの記録的な干ばつとなり，断水が 3 か月も続く地域があり，160万人が飲み水の確保に苦労していると報じられた[6]。

アメリカではカリフォルニア州を中心に，年間降水量が 2011 年から激減し続けて[7]，2013 年から 2015 年にかけて干ばつによる森林火災や農業被害が多発した。2014 年から 2016 年の 3 年間だけで被害額は周辺州を含め 120 億ドルにのぼったといわれている[8]。1895 年に降水量などの記録を開始して以来最悪の干ばつとなり[9]，州知事は 2014 年 1 月に非常事態を宣言し，水使用量の制限などを指示した[10]。ロサンゼルスの 2014 年 1 ～ 12 月の 12 か月降水量は 213 mm（平年比 66 %），2015 年の降水量は 153 mm（平年比 48 %）であった。2016 ～ 2017 年の冬は州北部で一転して大雪となり各地で融雪出水に襲われた[11]。干ばつの非常事態宣言は州の一部地域を除いて 2017 年 4 月に解除された[12],[13]。

6.1.2 世界の水問題

国連の調査によると，2015 年現在，世界人口 73 億人のうち 6 億 6 300 万人が飲料水を利用できない状況であるが[14]，世界の人口は 2011 年の 70 億人から 2050 年には 33 %増加し 93 億人になると予想され，特に都市部の人口は倍増すると見込まれている。水需要について見ると，2050 年までに，その 70 %を占める農業用水は，都市部ではむしろ減少するが世界全体では 20 %増加し，生活用水や工業用水は都市部を中心に増加すると見込まれ，総需要は 55 %増加すると予想される[15]。特に，ブラジル，ロシア，インド，インドネシア，中国，南アフリカといった新興国や途上国で需要の増大が著しい。

水需要の増大とともに**水ストレス**（water stress）[16]†が増大するが，特に経済成長が著しく人口密度の高い地域で著しく増大する。水ストレスの大きい河川流域は拡大すると予想されており，水ストレスの大きい流域に住む人口は，

---

† 水ストレスは，水需給に関する逼迫の程度を表す指標で，（年利用量）/（河川水などの潜在的年利用可能量）をいう。

新興国や途上国を中心に急増し，世界全体で16億人から2050年には世界人口の40％を超える39億人に増大すると予想されている[17]。

地球上にある水は約14億km^{3}であり，そのうちの97.5％は海水で，淡水はわずか2.5％である。しかも，その大半は氷や地下水なので，人間が容易に使える水は全体のわずか0.01％にしか過ぎない[18),19)]。世界の水は偏在しており，新興国などの水需要の増大に加え，地球温暖化の影響も踏まえると，世界的に水をめぐる問題はいっそう深刻化することが予想される。

わが国は世界の中では比較的安定した水供給がなされているが，食料輸入を通じて世界の水を大量に消費している国であるということを忘れてはならない。生産に水を必要とする食料などの物資を輸入している国（消費国）において，かりにその物資を生産するならどの程度の水が必要かを推定した水の量を**バーチャルウォーター**という。2005年に海外からわが国に輸入されたバーチャルウォーター量は約800億m^{3}と見積もられており，国内で使用される生活用水，工業用水，農業用水を合わせた年間の総取水量と同程度となっている。バーチャルウォーターの大半は食料に起因していることから，食料の安定供給を考えるうえで，世界の水問題はわが国にとっても重要な課題といえる[18]。

6.2　わが国の渇水問題

6.2.1　わが国の水利用と渇水

わが国の水利用は水田による稲作農業を中心として展開してきた。稲作の伝来以降，古代の溜め池の築造に始まり，荘園制度の拡大，戦国大名による米生産高の維持増強などのため，中小河川の利用が進んだ。このような水利用の進展とともに食料生産能力が向上して人口が増大してきた[20]。

江戸時代になると，利根川など大河川の治水工事と新田開発が進められ，沖積平野の水田化が急速に進んだ。一方で，江戸のような大都市では神田上水，玉川上水など上水道の萌芽につながった。江戸時代には，人口が約1 200万人から3 100万に増加した。

　明治時代になると，殖産興業政策に引き続き，重化学工業が勃興し，工業用水の需要が急激に増大した。また，人口増加と伝染病予防に対応するため，都市部に近代水道の整備が進み，一方で，都市化，工業化の進展による電力需要増大のため水力発電事業が大きく発展した。明治時代初めからの100年間で，人口は生活水準の向上などにより3倍に増加した[21]。戦後の人口の急激な増加と都市への産業の集積に伴い，水需要が急増し，大都市部を中心として水需給が逼迫し，第18回オリンピック競技大会（東京オリンピック）が開催された昭和39（1964）年頃に水不足のピークを迎えた。このような状況に対応するため，ダムなどの大規模な水資源開発が進められた。法制度については，ダムの建設などの水資源開発，各用途の水利用，地盤沈下防止などに関するものが1960年代までに，水源地域整備，水質・環境保全などに関するものが1970年代以降整備された[22]。

　昭和30年代後半から40年代には，高度経済成長に伴う首都圏の水需要が急増し，東京都水道局の配水量は毎年日量で20万から30万 m^3 ずつ増加した。東京都の水道水源は，昭和30年代までその多くを多摩川水系に依存していたが，昭和33（1958）年からは毎年のように水源不足による渇水に見舞われ，ことに昭和36（1961）年からは多摩川の渇水が長期化し，東京オリンピックが開催された昭和39（1964）年頃には水不足がピークに達して市民生活に深刻な影響が生じ，いわゆる「東京砂漠」と呼ばれる事態となった。

　高度経済成長に伴って工業用水の需要も急激に伸びたが，水源の多くを地下水に依存したことから，その過剰な汲み上げにより地盤沈下が進行した。昭和31（1956）年には『工業用水法（昭和31年法律第146号）』が制定され，同法に基づいて工業用井戸の汲み上げの一部制限などの対策が講じられ，地盤沈下は昭和40年代に一部沈静化の傾向を示した[19]。さらに，地下水への依存を減らすために，ダムなどによる水資源開発により地下水から河川表流水への水源の転換が求められた。

　近年は，地盤沈下はおおむね沈静化しているが，渇水が発生するとその年には沈下が顕在化している。

　昭和30年代以降，東京に限らず大都市地域では，人口増加による都市用水の増大や工業生産の著しい発展などにより，深刻な水不足が発生した[19]。過去のおもな渇水を**表6.1**に示す。

表6.1　過去のおもな渇水

年	渇 水 名	都市名	主要河川	給 水 制 限	
				期　　間	日数
昭和39	東京オリンピック渇水	東京都	多摩川	7月10日 〜 10月1日	84
42	長崎渇水	長崎市		9月25日 〜 12月5日	72
48	高松砂漠	高松市		7月13日 〜 9月8日	58
53	福岡渇水	福岡市	筑後川	5月20日 〜 翌3月24日	287
56		那覇市ほか		7月10日 〜 翌6月6日	326
59		東海市ほか	木曽川	8月13日 〜 翌3月31日	213
		大阪市ほか	淀川	10月8日 〜 翌3月31日	156
62	首都圏渇水	東京都ほか	利根川，荒川	6月16日 〜 8月25日	71
平成6	列島渇水	高松市	吉野川	7月11日 〜 9月30日	67
		松山市	重信川	7月26日 〜 11月25日	123
		福岡市	筑後川	8月4日 〜 翌5月31日	295
		佐世保市		8月1日 〜 翌3月5日	213

参考資料：国土庁『水資源白書』（平成7年版）
（出典：国土交通省関東地方整備局ホームページ：渇水の発生状況と頻度[23]）

　昭和39（1964）年の東京オリンピック渇水では，最大50％の給水制限[†]が行われ，衛生状態の悪化から食中毒が続出した。昭和40（1965）年には利根川と荒川を結ぶ延長14.5 kmの「武蔵水路」の通水が開始され，東京都や埼玉県に供給されることとなった。遡ること40年前の大正15（1926）年，当時の東京市議会は「将来水源ハ，利根川ニ求メラレタシ」と決議していたが，ついにその悲願が達成されることとなったのである（**表6.2**）[19]。

---

　†　**給水制限**：各家庭に供給する水道の量を給水の水圧を下げる**減圧給水**や給水の時間を制限する**時間給水**によって制限すること。基本的に市町村などの水道事業者が実施を決定する。

表6.2　東京オリンピック渇水

給水制限	期間：昭和39（1964）年7月 〜 10月 最大給水制限率：50％
応急給水対策	・給水車120台出動 ・自衛隊215車両，警視庁，米軍による応援給水 ・神奈川県からの緊急分水（10万 m^3/日） ・北多摩8市（立川，国立など）より受水 ・小河内ダムでの人工降雨実験の実施
生活への影響	・家庭ではパン主体の食事に，入浴，洗濯の制限 ・消防活動への影響（消火栓の水の出が悪化） ・医療活動への影響 　（手術できない，急患以外は休診） ・理髪店，クリーニング店，製氷会社への影響 ・プールへの注水禁止 ・給水車からの水運び，時間給水への拘束 ・魚の食中毒の続出

（出典：国土交通省関東地方整備局ホームページ：渇水による社会的影響や被害の状況[24]）

　昭和53（1978）年福岡渇水では，福岡地方の雨量は平均の約半分以下と極端に少なく，5月に入って福岡市の水源ダムは貯水率18.7％と減少し，給水制限が昭和53年5月20日から昭和54年3月25日までの287日間も続き，断水は最高19時間にも達し，約4万5000世帯（市内全体の約12.5％）に及ぶ完全断水地区が発生した。美容院や飲食店，学校給食関係の食料店では渇水倒産が起きたり，開店早々の料理屋が渇水のため営業ができずに閉店した。渇水を避けて一時的に市を出る市民も多く，企業の中には就業時間の短縮を行うなど，社会経済活動にも支障を来した（**表6.3**）[25], [26]。

　平成6（1994）年渇水は，春からの日本各地の少雨傾向により西日本から東海地方を中心に広範囲に被害を及ぼした。給水制限は，平成6年6月1日から平成7年5月17日までの351日間に及び，42都道府県517市町村において給水制限が実施された。最大断水時間は，佐世保市で43時間（8月24日），高松市と松山市で19時間（高松市：7月15日から8月15日，松山市：8月21日 〜 10月21日）となった。また，全国226工業用水道のうち，最大時64事業，累計78事業で給水制限がなされ，操業短縮（千葉県内3事業所），一部製

表6.3　渇水による社会的影響や被害の状況

給水制限	期間：昭和53（1978）年5月20日 ～ 昭和54（1979）年3月24日		
渇水進行状況	給水時間：11 ～ 18時間 給水制限：12 ～ 21% 延べ93日間	給水時間：7 ～ 10時間 給水制限：28 ～ 34% 延べ123日間	給水時間：5 ～ 6時間 給水制限：37 ～ 47% 延べ71日間
住民への影響	・溜め水（ポリバケツの購入） ・管末高台地区で断水発生 ・赤水，水のにごりの発生	・水筒，おしぼり持参の登校 ・入浴回数減 ・風呂水などの再利用 ・河原での洗車	・疎 開 ・井戸掘削（中水道利用） ・倒産（学校給食用食品会社） ・ミネラルウォーター空輸（日赤）
社会への影響	・市民プール使用時間の短縮 ・節水型献立（市立小・中学校）	・医療：出産，手術時間の限定など ・休校・工場の操業短縮 ・営業時間短縮，休業による売上減	・大学休校増 ・転 作

（出典：国土交通省関東地方整備局ホームページ：渇水による社会的影響や被害の状況[24]）

造ライン停止（木曽川水系，岡山県高梁川水系）などにより被害額は1都10県1市の主要187社で約350億円にのぼった。農業用水への被害としては，約50万haの水田（全国の約5分の1）で**番水**†などによる節水管理が行われ，被害額は約1400億円となった（**表6.4**）[27]。

表6.4　渇水による社会的影響や被害の状況

給水制限	期間：平成6年6月 ～ 平成7年5月 最長断水時間：22時間（佐世保市）
影 響	・プールの停止 ・学校給食の節水メニュー，停止 ・入院患者の入浴回数の削減 ・映画館，劇場などのオールナイト営業中止 ・半導体，鉄鋼メーカーなどの生産ラインの一部停止，操業短縮 ・かんきつ類など，農作物の被害 ・畜産牛，鶏の熱死 ・地盤沈下（佐賀では18 cm）

（出典：国土交通省関東地方整備局ホームページ：渇水による社会的影響や被害の状況[24]）

---

†　**番水**：節水のための配水管理。順番を決めて田畑に水を引くなどの方法がある。

6.2.2 わが国の水問題

わが国の年平均降水量は約 1 700 mm で，世界（陸域）の年平均降水量約 810 mm の約 2 倍となっている。一方，わが国の 1 人当り年降水総量（年平均降水量に国土面積を乗じ全人口で除した値）は約 5 000 m^3/（人・年）で，世界の 1 人当り年降水総量約 160 000 m^3/（人・年）の 3 分の 1 程度である[28]。

年降水量の経年変化を見ると，昭和 40（1965）年頃から少雨の年が多くなっており，昭和 48（1973）年，昭和 53（1978）年，昭和 59（1984）年，平成 6（1994）年，平成 8（1996）年および平成 17（2005）年は年降水量が年平均降水量を大きく下回った。少雨の年と多雨の年の年降水量の開きが拡大する傾向となっている（**図 6.1**）[28]。

わが国の昭和 56 年から平成 22 年（1981 年から 2010 年）までの 30 年間の

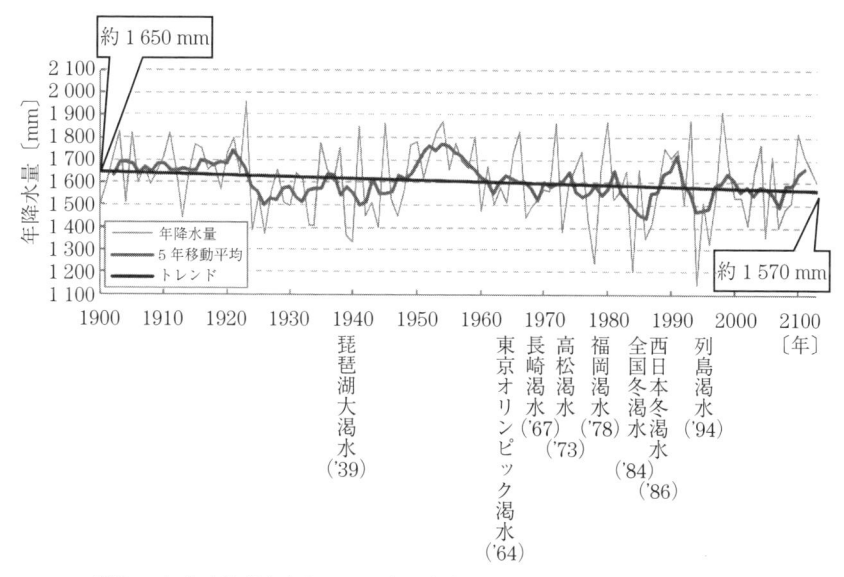

(注) 1. 気象庁資料をもとに国土交通省水資源部作成
2. 全国 51 地点の算術平均値
3. トレンドは回帰直線による。
4. 各年の観測地点数は，欠測などにより必ずしも 51 地点ではない。

図 6.1 日本の年降水量の経年変化（出典：国土交通省ホームページ：平成 26 年版日本の水資源，第 II 編 第 1 章，p.58 [28]）

水資源賦存量（水資源として理論上人間が最大限利用可能な量であって，降水量から蒸発散量を引いたものに当該地域の面積を乗じて求めた値）の平均（以下，**平均水資源賦存量**という）は，約 4 100 億 m^3 である。また，上記期間における 10 年に一度程度の割合で発生する少雨時の水資源賦存量を地域別に合計した値（以下，**渇水年水資源賦存量**という）は約 2 800 億 m^3 であり，平均水資源賦存量の約 67 %である[28]。

　わが国の 1 人当り水資源賦存量は，世界平均約 8 000 m^3/（人・年）に対して，約 3 400 m^3/（人・年）と 2 分の 1 以下である。さらに，わが国は降雨が梅雨期や台風期に集中するうえ，地形が急峻で河川の流路延長が短いため，水資源賦存量のうち多くが海に流出し，水資源としての利用が困難である[28]。

　昭和 59 年から平成 25 年（1984 年から 2013 年）の 30 年間を見ると，全国

0 か年
1 か年
2〜3 か年
4〜7 か年
8 か年以上

（注）1. 国土交通省水資源部調べ
2. 1984 年から 2013 年の 30 年間で，上水道について減断水のあった年数を図示したものである。

図 6.2　最近 30 か年の渇水による減断水の状況（出典：国土交通省ホームページ：今後さらに取り組むべき適応策（渇水）について[27]）

各地方で渇水が発生しており，特に，四国地方を中心とする西日本や関東，東海地方で多発している（図**6.2**）。

　過去 100 年間のわが国の年間降水量を見ると，総じて減少傾向であり，降水量の減少傾向によって，ダムなどが建設された時点で計画されていた開発水量が安定的に供給できないといった水供給の実力低下が多くのダムで問題となっている。木曽川水系の例では，ダムを計画した当時に比べて水供給の実力が 3 割まで低下している。

6.2.3　今後の水資源対策

　戦後の水需要の急増に対し，ダムなどの水資源施設の建設による水資源の開発が進められてきた結果，現在は水需給のバランスがおおむね確保される見通しとなっているが，一部の施設はいまだ整備中である。河川ごと，個別の施設ごとおよび利水者ごとに着目した場合，安定的な水利用が可能な地域がある一方で，一部の施設は整備中であり，依然として不安定取水[29][†1] が残っていたり取水制限[†2] を繰り返している地域があるなど，水供給の安全度は必ずしも一様ではない[30]。

　首都圏においては，まだダムなどの水源手当がなく，河川の水量の多いときしか取水できない不安定取水が，利根川，江戸川における水道用水の合計取水量である毎秒約 88 m^3 のうち約 29 ％にあたる毎秒約 26 m^3 を占めている[31]。首都圏の近年の渇水の状況としては，利根川では，昭和 47（1972）年から平成 28（2016）年の 45 年間に 16 回の渇水が発生した。特に，昭和 62（1987）年，平成 6（1994）年および平成 8（1996）年の渇水では，取水制限が最大

---

†1 **不安定取水**：本来，新たな取水を行うためには，ダム建設などによって必要な水量を確保しなければならない（こうした水利権を**安定水利権**という）。しかし，急激に水の需要が増加した場合など，ダムがまだ完成していなくても河川の水量が豊富な時期に限って取水を認めることがある。こうした水利権を**暫定水利権**という。首都圏ではこうした暫定水利権が多く，こうした暫定取水権に多く頼った取水を不安定取水という。

†2 **取水制限**：異常な少雨で引き続き降雨が見込めない場合などに河川から取水する量を制限すること。各家庭への直接的影響はないが，さらに給水制限が実施されると，各家庭への水道水の供給が制限されるので影響が出る。

表6.5　首都圏のおもな渇水

項目	取水制限状況			
	取水制限期間		取水制限日数	最大取水制限率
渇水年	自	至	（日間）	〔％〕
昭和 47 年	6/ 6	7/15	40	15
昭和 48 年	8/16	9/ 6	22	20
昭和 53 年	8/10	10/ 6	58	20
昭和 54 年	7/ 9	8/18	41	10
昭和 55 年	7/ 5	8/13	40	10
昭和 57 年	7/20	8/10	22	10
昭和 62 年	6/16	8/25	71	30
平成 2 年	7/23	9/ 5	45	20
平成 6 年	7/22	9/19	60	30
平成 8 年	1/12	3/27	76	10
平成 8 年	8/16	9/25	41	30
平成 9 年	2/ 1	3/25	53	10
平成 13 年	8/10	8/27	18	10
平成 24 年	9/11	10/ 3	23	10
平成 25 年	7/24	9/18	57	10
平成 28 年	6/16	9/ 2	79	10
取水制限の平均日数	—	—	47	—

渇水年：少雨などのため，河川水が減少し，取水制限を行った年
取水制限期間：日数には一時緩和期間を含む
（出典：国土交通省関東地方整備局利根川ダム統合管理事務所：
　　　　近年の渇水の状況[32]）

30％となり，給水制限により大きな影響を受ける地区が発生した（**表6.5**）。

　わが国では，現在は需要の増大がおおむね終息した状況となっているが，水資源開発施設の供給実力は，降水量の変動幅の増大や積雪量の減少および融雪の早期化などの要因によって計画時点よりも低下しており，計画した開発水量を十分に補給できずに水供給の安全度が低下している。

　また，気候変動の影響によって将来の供給可能量はさらに減少する可能性がある。今後，異常少雨の発生などによって，将来の渇水リスクは高まると予想されており，水源が枯渇するような危機的な渇水の発生も懸念される。

　将来にわたり適切な水資源対策を実現していくためには，地球温暖化に伴う気候変動による今後の変化を踏まえた対応が必要となる。

7

災害法制の歴史と現状

　本章では，多くの災害を経験しつつ災害に関係する法制度が古くから整備されてきた経緯や変遷について，明治以降から順を追って概説し，現在の法体系の理解を深める。さらに，災害時における国，地方公共団体，住民などの責務や，防災に関する組織について規定した災害対策基本法を中心とした法体系について概要を述べる。

7.1　災害法制の歴史

　わが国では，古くから災害を極力防止し，人民を救済することは為政者の重要な役割であり，食糧を備蓄する仕組みづくりのほか，治水工事や復旧工事などが行われた。しかし，災害に関する法制度が整備された記録はほとんど見当たらない[1]。

　わが国で記録に残されている最も古い治水事業は，淀川の茨田堤（まんだのつつみ）が築造された3世紀頃まで遡るといわれているが，これ以前においても灌漑（かんがい）のための溜め池や河川から用水を引く工事や，湿地開発のための排水工事などは行われていた。治水工事などは順次規模が拡大し，新田開発と舟運を目的とした河川改修が行われるようになった。江戸時代に行われた利根川の東遷[2]†1 や大和川の付替え[3]†2 は有名である。一方，荒廃山地の対策は，一部の地域を除き，森林の伐採規制や山林取締まりが主であった[4]。

　江戸時代には，地震，水害，火山噴火などの災害が相次ぎ，幕府や藩が食料

や避難小屋などの応急措置を行ったり，米などを支給する仕組みを定着させて
いった。また，災害に備えるための積立て制度や大災害発生時に復旧などのた
めの仕事の創出による救済制度などを構築した[1]。

　明治に入って，明治5（1872）年にわが国最初の気象観測所が北海道函館に
開設された。明治8（1875）年には内務省地理寮構内（現在の東京・虎ノ門）
に地震計と気象器械が設置されて東京気象台が設立され，地震観測を含む気象
業務が開始された[5],[6]。

　また，明治維新以降，河川工事や砂防工事が，淀川などの主要河川で着手さ
れた[4]。消防の体制については，江戸時代の体制の一部が東京府に移管され，
明治5（1872）年に消防組が設置された。消防事務は，東京府，司法省警保寮，
東京警視庁などと所管が転々としたが，明治14（1881）年に警察，消防の事
務はすべて東京警視庁に移管され，これが明治時代の消防の基礎になった。こ
の時点では，まだ全国的に公設の消防組は少なかった[7]。

　明治政府が安定してくると，明治13（1880）年に『備荒儲蓄法』が20年間
の時限立法として制定され，毎年の国からの補助金と地方が徴収する税を財源
として積み立てて，災害の被災者に対する生活必需品の支給または罹災によっ
て納税困難な者に対する税額の補助，貸与を行う仕組みが形成された[8]。

　明治20（1887）年1月に東京気象台が中央気象台と改称された。気象事業
は，内務省から文部省を経て運輸通信省の所掌となっていたが，明治20（1887）
年5月に運輸省と逓信省に分割されると，気象事業は運輸省の所管となった[5]。

　明治27（1894）年には，政府は，消防制度を全国的に整備して効率的な消
防組織を育成するため，勅令で『消防組規則』を制定した。これにより，消防
組は知事の警察権に入り，費用は市町村の負担とされた[7]。

───────────────────────

（前ページ）
　†1　利根川の東遷：江戸湾（現在の東京湾）に注いでいた利根川を現在のように東側の流
　　　路に付け替えた河川改修工事。江戸の水害防除，新田開発，舟運確保に加えて，東北
　　　の伊達政宗に対する防備の意味もあったといわれている。
　†2　大和川の付け替え：かつて分合流を繰り返しながら淀川へ注いでいた大和川の排水を
　　　改良するため，流れを西に向け堺方面へ流す現在の流路に付け替えた河川改修工事。

明治10，20年代に淀川，利根川，木曽川などの大河川で水害が頻発し，抜本的な治水対策の必要性が痛感されるようになり，明治29（1896）年には河川法が，翌明治30（1897）年には砂防法，森林法が制定され，いわゆる治水三法が整い，近代治水の基礎が形成された。この河川法は昭和39（1964）年に改正されるまで河川管理の基本原則となった。

一方，風水害の頻発により，備荒儲蓄法に基づく中央備荒儲蓄金が逼迫したため，明治32（1899）年には，府県に基金を積む仕組みとする『罹災救助基金法』が制定され，備荒儲蓄法は期限の明治33（1890）年を待たずに廃止された[8]。

同年，地方公共団体の災害復旧事業に対する国庫補助制度として，『災害準備基金特別会計法』が成立した。日清戦争に勝利して清国から得た賠償金を基金として，災害準備基金特別会計が設置された。賠償金3億円余りの大半は軍備拡張の費用に充てられたが，災害準備基金が1000万円で設置された[9]。

明治43（1910）年8月に関東・甲信越・東北地方の太平洋岸を中心に1府15県で大水害が発生した[10]。この水害を契機に新たに治水費資金特別会計を設置するため，災害準備基金が廃止され，国庫補助制度を継続するために明治44（1911）年に『府県災害土木費国庫補助に関する件』が制定された[11]。

消防組織については，消防組が，国内治安を担当する警察の補助的な役割も果たしながら急速に整備されたが，常設の組織は東京と大阪にあるのみであった。そこで，大正8（1919）年の勅令『特設消防署規程』により京都市，神戸市，名古屋市，横浜市の4都市にも公設消防署が設置された[7]。

大正9（1920）年になると，建築に関する初の本格的な法律である『市街地建築物法』が制定され，建築物の構造基準などが定められた。30年後に制定される建築基準法の原型である。

大正12（1923）年には関東大地震が発生したため，これを受けて大正13（1924）年に市街地建築物法が改正された。このとき耐震規定が盛り込まれ，鉄筋コンクリート造の耐震計算が義務化された[6]。

　昭和に入ると，各都市に順次，公設消防署が設置されたが，新たに「防空」の任務が加えられることになり，昭和14（1939）年の勅令『警防団令』により，消防組は「警防団」と名称を変え，防空監視や空襲爆撃下の救護活動の任務も担うことになった[7]。

　昭和20（1945）年の枕崎台風，昭和21（1946）年の南海地震と大災害が相次いで発生し，昭和22（1947）年10月には，災害に対する救助，保護を目的として『災害救助法』が制定された。

　昭和22（1947）年9月にはカスリーン台風が発生し関東地方に未曽有の被害をもたらし，利根川の氾濫は遠く東京にまで及んだ。これを契機に，昭和24（1949）年6月に『水防法』[12]，続いて昭和27（1952）年6月には『気象業務法』が制定されて現在の気象業務の基本制度が定まった[13]。そして，昭和31（1956）年7月に東京気象台は気象庁に昇格した[5]。

　戦時体制の消防組織であった警防団は，昭和22（1947）年の勅令『消防団令』により「消防団」として再出発した。明治以来，消防は警察機構の中にあったが，昭和22（1947）年5月に憲法施行と同時に新たに『地方自治法』が施行されたのに伴い，昭和23（1948）年に『消防組織法』が施行された。市町村が消防の組織と運営の管理に当たることになり，名実ともに「自治体消防」に移行した[7]。そして，昭和23（1948）年7月に『消防法』が制定された[12]。

　一方，昭和23（1948）年6月に福井地震が発生したことを踏まえ，昭和25（1950）年に『建築基準法』が制定された。建築物の敷地，構造および用途に関する基準を示す法律であり，耐震が考慮された[6]。これに伴い市街地建築物法は廃止された。

　昭和26（1951）年3月に『公共土木施設災害復旧事業費国庫負担法』が制定され，国の責務として災害復旧事業の費用を負担するという現行の方式が確立した[9]。

　昭和28（1953）年は水害の当たり年であり，九州北部に壊滅的被害をもたらした6月の西日本水害をはじめとして，7月，8月と全国各地に水害が発生

し，9月には台風13号により三重県や愛知県が高潮被害を受けたほか，四国，近畿，東海，北陸，関東地方の広い範囲で河川が氾濫した。これらを契機に，昭和31（1956）年5月には，海岸に堤防，護岸，突堤などの海岸保全施設を設けて，高潮，津波などから海岸を防護するための法律である『海岸法』が制定された[12),14),15)]。

昭和32（1957）年の西九州地方における豪雨において，都市周辺を含む地すべり災害が発生したこと，さらには放置された「ぼた山」が多かったことから，総合的な地すべり対策を進めるため，昭和33（1958）年3月に『地すべり等防止法』が制定された[12),14),15)]。

昭和34（1959）年には建築基準法が改正され，耐火建築物の規定，内装制限の新設，定期検査・報告制度の新設などがなされた[6)]。

昭和34（1959）年9月に5000人を超える死者・行方不明者を出した伊勢湾台風を契機として，昭和35（1960）年6月に閣議了解により防災の日（9月1日）が創設された[16)]。この日付は，大正12（1923）年9月1日に発生した関東大震災に由来している[17)]。

そして，伊勢湾台風を契機に，防災行政の責任の明確化，総合的かつ計画的な防災行政の推進などのため，昭和36（1961）年に災害対策全般にわたる最も基本的な法律として『災害対策基本法』が制定された。この法律に基づき昭和37（1962）年中央防災会議が設置され，昭和38（1963）年に『防災基本計画』が作成された[6),18)]。

昭和35（1960）年12月から翌昭和36（1961）年1月にかけて日本海側各地で死者・行方不明者119人をもたらした豪雪を契機として，議員立法により，昭和37（1962）年3月に『豪雪地帯対策特別措置法』が制定された[12),19)]。

昭和37（1962）年9月には，災害対策基本法を受けて財政援助や財政措置を規程する『激甚災害に対処するための特別の財政援助等に関する法律（激甚災害法)』が制定された。

また，昭和36（1961）年6月の梅雨前線に伴う集中豪雨により全国的に崖崩れ被害が発生し，被害の約3割が造成を行ったばかりか造成中の宅地であっ

たことを受けて，昭和37（1962）年に『宅地造成等規制法』が制定され[20]，盛り土の締め固め，擁壁の構造，排水施設などの災害防止措置が義務化された[6]。

　消防組織について，昭和38（1963）年には救急業務が法制化され，救急体制の整備が始まった。また，昭和40年代以降，数か市町村単位でまとまった消防体制をとる広域化も進められた[7]。

　昭和39（1964）年に河川法が全面改正され，水系ごとに治水などの基本計画である『工事実施基本計画』の策定が義務付けられ，これまでの区間ごとの河川管理から，上流から下流まで水系一貫した河川管理へと大幅な転換を遂げた[4]。

　昭和39（1964）年の新潟地震を契機として，地震に関する保険の要望が高まり，国家再保険による地震保険を創設することとなり，昭和41（1966）年5月に『地震保険に関する法律』が公布，施行された[21]。

　昭和42（1967）年は梅雨や台風による豪雨が多く発生した年であり，7月には西日本豪雨により九州，中国，近畿地方の各地に被害が及び，崖崩れにより人的被害が拡大した。これを契機に，昭和44（1969）年7月に『急傾斜地の崩壊による災害の防止に関する法律（急傾斜地法）』が制定された[12),14]。

　同じ昭和42（1967）年の8月には羽越豪雨が発生し，新潟県と山形県で甚大な被害が発生した。これをきっかけに『災害弔慰金の支給等に関する法律』が昭和48（1973）年に制定された[18]。

　昭和43（1968）年5月に十勝沖地震が発生し，これを踏まえ，昭和46（1971）年に建築基準法が改正され，鉄筋コンクリート造の構造規定が強化された[6]。

　昭和44（1969）年に建設省の機関である国土地理院長の私的諮問機関として地震予知連絡会が発足し，昭和45（1970）年に観測強化地域，特定観測地域を指定した[6]。

　昭和48（1973）年に相次ぐ桜島の噴火により噴石や降灰対策が急務であったことなどを背景に，『活動火山周辺地域における避難施設等の整備等に関す

る法律』が制定された。この法律は，昭和53（1978）年には，有珠山の噴火による大量の降灰が被害をもたらしたことなどを受け，公共施設の降灰除去，降灰防除のための施設整備に係る措置を追加するなどの改正が行われた[22]。この改正において，法律の題名が『活動火山対策特別措置法』に改められた。

　昭和48（1973）年に石油化学プラントの爆発火災が頻発し，昭和49（1974）年に水島コンビナートの大量重油流出事故が発生したのを契機として，昭和50（1975）年に『石油コンビナート等災害防止法』が制定され[23]，自衛防災組織，防災資機材など，および防災要員について定められた[6]。合わせて消防法および高圧ガス取締法の関係規定も大幅に強化された[24]。

　昭和51（1976）年秋の地震学会において東海地震発生可能性に言及した研究発表がなされ[25]，それを契機に，昭和53（1978）年6月に東海地震を対象とした『大規模地震対策特別措置法』が制定され，地震防災対策強化地域の指定や警戒宣言の発令に伴う国や地方自治体，企業，事業所などが採るべき対策が定められた。さらに，昭和55（1980）年に『地震防災対策強化地域における地震対策緊急整備事業に係る国の財政上の特別措置に関する法律（地震財政特別措置法）』が制定された[18]。

　昭和43（1968）年の十勝沖地震や昭和53（1978）年の宮城県沖地震など度重なる地震の教訓を踏まえ，昭和55（1980）年に建築基準法が改正された。新耐震設計法が導入され，昭和56（1981）年に新耐震基準として施行された[6]。

　昭和59（1984）年に『公共土木施設災害復旧事業費国庫負担法』が一部改正され，対象施設として地すべり防止施設，急傾斜地崩壊防止施設，下水道が追加された[11]。

　平成7（1995）年1月の兵庫県南部地震（阪神・淡路大震災）が発生し，その翌2月，阪神・淡路復興対策本部の設置などを定め，阪神・淡路地域の復興を迅速に推進するため，『阪神・淡路大震災復興の基本方針及び組織に関する法律』が公布，施行された[12]。

　また，この地震を契機に災害対策基本法が6月に改正され，災害時における

緊急通行車両の通行確保の規定が加えられた。引き続き12月にも改正され，緊急災害対策本部の設置要件の緩和，市町村長による都道府県知事への自衛隊の災害派遣要請の要求などが規定された[26]。

　そして，大地震について防災対策の強化を図るため，『地震防災対策特別措置法』が平成7（1995）年6月公布，7月施行された。

　同じ平成7（1995）年に『建築物の耐震改修の促進に関する法律（耐震改修促進法）』が10月公布，12月施行された[27]。耐震基準（昭和56（1981）年改正）に適合しない一定規模以上の公共性を持つ建物などの耐震診断，耐震改修が対象とされた。

　阪神・淡路大震災の経験に鑑み，大規模地震時に市街地大火を引き起こすなど防災上危険な状況にある密集市街地の整備を総合的に推進するため，平成9（1997）年に『密集市街地における防災街区の整備の促進に関する法律（密集市街地整備法）』が施行された。

　また，阪神・淡路大震災を契機に，平成10（1998）年に『被災者生活再建支援法』が制定された。自然災害を受けた被災者の生活を再建するための制度で，都道府県の基金が支給される[6]。この時期（1880年代から1995年まで）の災害に関する法制度の制定経緯を**表7.1**に，それより後の経緯（1999年から2016年まで）を**表7.2**に示す。

　平成10（1998）年に『公共土木施設災害復旧事業費国庫負担法』が改正され，対象施設として公園が追加された[11]。

　平成11（1999）年9月の茨城県東海村での臨界事故を受けて，同年12月に『原子力災害対策特別措置法』が公布，施行された。原子力緊急事態宣言，原子力災害対策本部が規定され，自衛隊法を一部改正し「原子力災害派遣」の規定が追加された[28]。

　平成11（1999）年の広島豪雨災害を契機に，平成12（2000）年5月に『土砂災害警戒区域等における土砂災害防止対策の推進に関する法律（土砂災害防止法）』が制定された[12]。土砂災害のおそれのある区域を明らかにし，警戒避難体制の整備や建築物の構造規制などのソフト対策を規定した[14]。

表 7.1 災害に関する法制度の制定経緯（1）

法律の制定・改正の契機となった災害	災害対策に関するおもな法制度	法制度の説明
1880年代　利根川，木曽川などの大河川で水害が頻発	1880 備考貯蓄法 1889 大日本帝国憲法公布	太政官布告として公布（1881 施行） 1890 施行
1890年代	1896 河川法 1897 砂防法 　　　森林法 1899 罹災救助基金法 　　　災害準備基金特別会計法	備考貯蓄法廃止
1920 年代	1920 市街地建築物法	1950 建築基準法の原型
1940年代　1945 枕崎台風 　　　1946 南海地震 　　　1947 カスリーン台風 　　　1948 福井地震	1946 日本国憲法公布 1947 災害救助法 　　　消防組織法 1948 消防法 1949 水防法	1947 施行
1950年代 　　　1953 西日本水害，台風 13 号ほか 　　　1957 西九州豪雨 　　　1959 伊勢湾台風	1950 建築基準法 1951 公共土木施設災害復旧事業費国庫負担法 1952 気象業務法 1956 海岸法 1958 地すべり等防止法 1961 災害対策基本法	市街地建築物法廃止 1962 中央防災会議設置
1960年代　1960 豪　雪 　　　1961 　　　1961 全国的に崖崩れ被害 　　　1964 新潟地震 　　　1967 西日本豪雨による崖崩れ 　　　1967 羽越豪雨 　　　1968 十勝沖地震	1962 豪雪地帯対策特別措置法 　　　激甚災害法 1962 宅地造成等規制法 1964 河川法 1966 地震保険に関する法律 1969 急傾斜地法 1971 建築基準法改正	1896 河川法を全面改正 鉄筋コンクリート造の構造規定強化
1970年代　1972 相次ぐ桜島噴火 　　　1973 石油化学プラント爆発火災頻発 　　　1974 水島コンビナート重油流出事故 　　　1976 東海地震発生可能性の研究発表 　　　1978 有珠山噴火 　　　1978 宮城県沖地震	1973 災害弔慰金の支給等に関する法律 1973 活動火山周辺地域における避難施設等の整備等に関する法律 1975 石油コンビナート等災害防止法 1978 大規模地震対策特別措置法 1978 活動火山対策特別措置法 1980 地震財政特別措置法 1980 建築基準法改正	活動火山周辺地域における避難施設等の整備等に関する法律改正 1981 新耐震基準施行
1990年代　1995 兵庫県南部地震（阪神・淡路大震災）	1995 阪神・淡路大震災復興の基本方針および組織に関する法律 1995 災害対策基本法改正 1995 地震防災対策特別措置法 1995 耐震改修促進法 1997 密集市街地整備法 1998 被災者生活再建支援法	6月，12月

表7.2　災害に関する法制度の制定経緯（2）

法律の制定・改正の契機となった災害	災害対策に関するおもな法制度	法制度の説明
1999 東海村臨界事故	1999 原子力災害対策特別措置法	
	1999 自衛隊法改正	原子力災害派遣の規定を追加
1999 広島豪雨災害	2000 土砂災害防止法	
1999 福岡水害	2000 建築基準法改正	木造住宅に厳格な規定
2000年代 2000 東海豪雨	2001 水防法改正	洪水予報の対象河川を都道府県管理の河川に拡大
2003 福岡水害	2002 東南海・南海地震対策特別措置法	地震防災対策推進地域指定
	2003 特定都市河川浸水被害対策法	
2004 新潟・福島・福井豪雨	2004 消防組織法改正	緊急援助隊を位置付け
	2004 国民保護法	
2004 新潟県中越地震	2004 日本海溝・千島海溝地震対策特別措置法	
2005 福岡県西方沖地震	2005 水防法改正	
	2005 土砂災害防止法改正	
	2006 宅地造成等規制法改正	造成宅地防災区域指定
2008 岩手・宮城内陸地震	2010 土砂災害防止法改正	緊急調査の実施および緊急情報の市町村への提供
2010年代 2011 東北地方太平洋沖地震（東日本大震災）	2011 東日本大震災復興基本法	
	2011 東日本大震災復興特別区域法	
	2011 原子力損害賠償支援機構法	2014 改正後は原子力損害賠償・廃炉等支援機構法
	2011 津波防災地域づくりに関する法律	
	2011 水防法改正	津波防災の位置付け
	2012 福島復興再生特別措置法	
	2012 災害対策基本法改正	
	2013 災害対策基本法改正	
	2013 大規模災害からの復興に関する法律	
	2013 耐震改修促進法改正	
	2013 水防法改正	
	2013 河川法改正	
	2013 南海トラフ地震対策特別措置法	
	2013 首都直下地震対策特別措置法	
	2013 国土強靭化基本法	
2014 御嶽山噴火	2014 土砂災害防止法改正	避難体制充実強化
2014 広島土砂災害	2014 耐震改修促進法改正	
2015 関東・東北豪雨	2015 水防法改正	浸水想定区域を想定し得る最大規模の洪水にかかわる区域に拡充
	2015 活動火山対策特別措置法改正	
2016 台風10号等	2017 水防法改正	

平成 12（2000）年には東海豪雨が発生し，名古屋市を中心に甚大な被害を及ぼしたのを契機に，平成 13（2001）年に水防法が 6 月に改正され，洪水予報の対象河川を国管理だけでなく都道府県管理の河川にも拡げ，浸水想定区域を指定することとされた[29]。

同じ 2000 年に『住宅の品質確保の促進等に関する法律』が制定された。住宅の品質確保の促進，住宅購入者などの利益の保護および住宅にかかわる紛争の迅速かつ適正な解決を図ることを目的とし，瑕疵担保責任期間を 10 年とすることや住宅性能表示制度などが定められた[6]。

建築基準法は，平成 10（1998）年 6 月に改正され，各種基準の性能規定化等の見直しが行われたが，平成 12（2000）年 6 月にも建築基準法が改正され，木造住宅に従来よりも厳格な規定が設けられた。

平成 13（2001）年 1 月に中央省庁などが再編され，建設省，運輸省，国土庁および北海道開発庁が国土交通省に統合されたが，国土庁の防災関連部局は内閣府に属することとなった。

平成 11（1999）年 6 月に福岡市街部が地下部を含め悲惨な被害が発生し[30]，また同じ地域が平成 15（2003）年 7 月に浸水や土砂災害により深刻な被害を受けた[31]。平成 12（2000）年 9 月の東海豪雨においては，愛知県を中心に記録的な大雨となり，一級河川新川の堤防決壊などにより，名古屋市などの市街部が地下を含め壊滅的被害を受けた[32]。また，一部の都市では宅地開発などにより設けられた調整池が埋め立てられるなどの問題も発生したことから，これらを契機に，都市部を流れる河川およびその流域について，総合的な浸水被害対策を講じるため，平成 15（2003）年 6 月に『特定都市河川浸水被害対策法』が制定された[14),33]。

平成 14（2002）年に『東南海・南海地震に係る地震防災対策の推進に関する特別措置法（東南海・南海地震対策特別措置法)』が制定され，地震防災対策推進地域が指定された[6]。

消防に関しては，阪神・淡路大震災を契機に，全国的な広域応援の仕組みとして，緊急消防援助隊が創設され，その後順次整備が進んでいたが，平成 16

（2004）年には消防組織法が改正されて，緊急援助隊が法律に明確に位置付けられ，消防庁長官が緊急援助隊の出動のため必要な措置を指示することができることとされた[7),34)]。

また，平成16（2004）年には，武力攻撃事態などにおいて，国民の生命，身体および財産の保護を図ることを目的に『武力攻撃事態等における国民の保護のための措置に関する法律（国民保護法)』が施行され，消防も一定の役割を負うこととされた。

平成16（2004）年に『日本海溝・千島海溝周辺海溝型地震に係る地震防災対策の推進に関する特別措置法（日本海溝・千島海溝地震対策特別措置法)』が制定された。房総半島の東方沖から択捉島の東方沖までの広範囲の海溝型大地震が対象になる。地震防災対策推進地域が指定される。科学技術の水準が向上することによって予知が可能になれば大規模地震対策特別措置法の適用に移行することは上記の東南海・南海地震の場合と同様である[6)]。

平成16（2004）年7月には新潟，福島，福井を襲った豪雨により浸水や土砂崩れなど甚大な被害を及ぼした[35)]。これを契機に平成17（2005）年に水防法，土砂災害防止法を改正し，ハザードマップによる周知の徹底が図られるようになった[14)]。

平成18（2006）年に建築基準法が一部改正された。構造計算の偽装問題を受け，構造計算適合性判定の導入や罰則の強化により，建築確認，検査が厳格化された[6)]。

平成16（2004）年の新潟県中越地震や平成20（2008）年の岩手・宮城内陸地震を受けて，平成22（2010）年に土砂災害防止法が改正され，大規模な土砂災害が急迫している場合における緊急調査の実施および土砂災害緊急情報の市町村への提供が規定された[14)]。

平成16（2004）年の新潟県中越地震や平成17（2005）年の福岡県西方沖地震などにおいて宅地を中心に多くの地盤災害が生じたことから，造成宅地防災区域を指定して宅地造成に伴う災害を防止するよう，平成18（2006）年に宅地造成等規制法を改正し，4月公布，9月施行した[36)]。

　平成 23（2011）年 3 月に東北地方を中心に未曽有の被害をもたらした東北地方太平洋沖地震（東日本大震災）が発生した。この災害の復興のために平成 23（2011）年 6 月の『東日本大震災復興基本法』や 2011 年 12 月の『東日本大震災復興特別区域法』，あるいは福島第一原子力発電所の事故に関して平成 24（2012）年 3 月の『福島復興再生特別措置法』や平成 23（2011）年 8 月の『原子力損害賠償支援機構法』（平成 27（2014）年 8 月の改正後は『原子力損害賠償・廃炉等支援機構法』）をはじめとして数多くの個別立法がなされた[37]。

　そのほか，この災害を契機に，平成 24（2012）年 6 月と平成 25（2013）年 6 月の 2 回にわたって災害対策基本法が大幅に改正された[38]。また，被災地の復興にあたって津波災害に強い地域づくりを推進するとともに，将来起こり得る津波災害を防止，軽減すべく全国で活用可能な一般的な制度を創設するため，平成 23（2011）年 12 月に『津波防災地域づくりに関する法律』が制定された[39]。

　また，水防法における津波の位置付けを明確化し，津波防災を強力に推進するため，平成 23（2011）年 12 月に水防法を改正した[40]。

　さらに，中央防災会議「防災対策推進検討会議」の最終報告（平成 24（2012）年 7 月）も踏まえ，大規模災害からの復興の枠組みをあらかじめ法的に用意すべく，平成 25（2013）年 6 月「大規模災害からの復興に関する法律」が公布された[41]。

　このほか，平成 14（2002）年 7 月に制定していた『東南海・南海地震に係る地震防災対策の推進に関する特別措置法』[42]を議員立法により平成 25（2013）年 11 月に改正して，名称を『南海トラフ地震に係る地震防災対策の推進に関する特別措置法』と改め，想定し得る最大規模の地震に対して地震防災対策を推進することとした[43]。

　平成 25（2013）年 11 月には『首都直下地震対策特別措置法』[44]，12 月には『強くしなやかな国民生活の実現を図るための防災・減災等に資する国土強靱化基本法（国土強靱化基本法）』がいずれも議員立法で制定され[45]，『南海トラフ地震に係る地震防災対策の推進に関する特別措置法（南海トラフ地震対策特

別措置法)』と合わせて，これらは国土強靱化3法といわれている。

　耐震改修促進法については，『地震防災戦略』(平成17 (2005) 年中央防災会議) を踏まえ，いっそうの耐震化促進が必要であること，東日本大震災を受けて見直した南海トラフ巨大地震では，従前よりもはるかに大きな被害が想定されることとなったことから，平成25 (2013) 年5月に改正され，11月に施行された[46),47)]。また，東日本大震災を踏まえ，南海トラフ地震による大規模な津波などに備えるため平成26 (2014) 年6月改正された。

　水防団員の減少・高齢化や，堤防の老朽化などの課題に対応するよう，平成25 (2013) 年6月に水防法および河川法が改正された[48)]。

　平成26 (2014) 年8月の豪雨による広島市北部の土砂災害などを踏まえ，住民に土砂災害の危険性をより早期に認識してもらい，避難体制を充実，強化するため，平成26 (2014) 年11月に土砂災害防止法が改正された[49)]。

　平成25年から26年にかけて想定を超える浸水被害が多発したことから，洪水などによる浸水想定区域について，想定し得る最大規模の洪水にかかわる区域に拡充して公表するなどとした水防法改正を，平成27 (2015) 年5月に行った[50)]。

　平成26 (2014) 年9月の御嶽山の噴火により火口周辺で多数の死者，負傷者が出たことを契機に，従来からの避難施設の整備などのハード対策に加え，警戒避難体制の整備などのソフト対策の充実を図るため，平成27 (2015) 年7月に活動火山対策特別措置法が改正された[21)]。

　平成27 (2015) 年9月の関東・東北豪雨，平成28 (2016) 年8月に北海道・東北地方を襲った台風10号などの一連の台風などによる甚大な被害を受けて，水防災意識社会再構築の取組みを加速し，洪水などからの「逃げ遅れゼロ」と「社会経済被害の最小化」を実現するため，平成29 (2017) 年5月に水防法が改正された[51)]。

7.2　災害法制の体系

7.2.1　災害対策基本法の制定

昭和34（1959）年の伊勢湾台風を契機に，昭和36（1961）年に災害対策の基本法として『災害対策基本法』が制定された。制定当時にすでに存在していた災害関係の法令を基本的にそのまま存置し，それらが規定していなかった部分を補う形で，災害対策が全体として総合的，体系的に行われるように構成された[52]。

法律の目的は「国土並びに国民の生命，身体及び財産を災害から保護するため，防災に関し，基本理念を定め，国，地方公共団体及びその他の公共機関を通じて必要な体制を確立し，責任の所在を明確にするとともに，防災計画の作成，災害予防，災害応急対策，災害復旧及び防災に関する財政金融措置その他必要な災害対策の基本を定めることにより，総合的かつ計画的な防災行政の整備及び推進を図り，もつて社会の秩序の維持と公共の福祉の確保に資すること（第1条）」としている。

災害対策基本法における「災害」は，「暴風，竜巻，豪雨，豪雪，洪水，崖崩れ，土石流，高潮，地震，津波，噴火，地すべりその他の異常な自然現象又は大規模な火事若しくは爆発その他その及ぼす被害の程度においてこれらに類する政令で定める原因により生ずる被害をいう（第2条1号）」としており，この定義においては，天災のみならず人災も災害に含まれる。

災害対策は，一般的に，災害が発生する前の事前の段階，発生している事中の段階，発生した後の事後の段階というように，時系列で考えることが多い。災害対策基本法においても，災害対策を，①災害予防，②災害応急対策，③災害復旧の三つの段階に分けて規定している。災害対策基本法における三つの段階についてのそれぞれの内容については，8章以降に記述する。

災害対策基本法では，災害時における国，都道府県，市町村，指定公共機関および指定地方公共機関，住民などの責務を規定している。

〔1〕　国の責務

　災害対策基本法によると，国は「国土並びに国民の生命，身体及び財産を災害から保護する使命（第3条1項）」を有しており，この使命を果たすため「組織及び機能の全てを挙げて防災に関し万全の措置を講ずる責務（第3条1項）」を有する。そして，その責務を遂行するため「災害予防，災害応急対策及び災害復旧の基本となるべき計画を作成し，及び法令に基づきこれを実施するとともに，地方公共団体，指定公共機関，指定地方公共機関等が処理する防災に関する事務又は業務の実施の推進とその総合調整を行ない，及び災害に係る経費負担の適正化を図らなければならない（第3条2項)」としている。

　そして，国の機関の役割として「国の責務が十分に果たされることとなるように，相互に協力しなければならない（第3条3項)」とされ，さらに「都道府県及び市町村の地域防災計画の作成及び実施が円滑に行なわれるように，その所掌事務について，当該都道府県又は市町村に対し，勧告し，指導し，助言し，その他適切な措置をとらなければならない（第3条4項)」とされている。

　また，国の機関は「都道府県及び市町村の実施する応急措置が的確かつ円滑に行なわれるようにするため，必要な施策を講じなければならない（第77条1項)」とされている。

〔2〕　都道府県と市町村の責務

　都道府県と市町村の責務については，それぞれその地域とその住民の「生命，身体及び財産を災害から保護するため，関係機関及び他の地方公共団体の協力を得」て，その「地域に係る防災に関する計画を作成し，及び法令に基づきこれを実施する（第4条1項，第5条1項)」責務を有している。都道府県については，このほか「区域内の市町村及び指定地方公共機関が処理する防災に関する事務又は業務の実施を助け，かつ，その総合調整を行う責務（第4条1項)」が追加されており，一方，市町村については「消防機関，水防団その他の組織の整備並びに当該市町村の区域内の公共的団体その他の防災に関する組織及び自主防災組織の充実を図るほか，住民の自発的な防災活動の促進を図り，市町村の有する全ての機能を十分に発揮するように努めなければならない

（第5条2項)」とされている。

　警報の伝達および警告について，市町村長は「予報若しくは警報又は通知に
係る事項を関係機関及び住民その他関係のある公私の団体に伝達しなければな
らない（第56条1項)」とされており，避難の指示などについて，市町村長は
「避難のための立退きを勧告」したり「避難のための立退きを指示することが
できる（第60条1項)」とされているほか，市町村長は「警戒区域を設定」
し，「立入りを制限し，若しくは禁止し，又は当該区域からの退去を命ずるこ
とができる（第63条1項)」とされている。また，災害の拡大防止のために
「設備又は物件の除去，保安その他必要な措置をとることを指示（第59条1
項)」することもできる。

　応急措置に関しては，市町村長は「消防，水防，救助その他災害の発生を防
禦し，又は災害の拡大を防止するために必要な応急措置をすみやかに実施しな
ければならない（第62条1項)」とされており，応急措置のため緊急の必要が
ある場合は「他人の土地，建物その他の工作物を一時使用し，又は土石，竹木
その他の物件を使用し，若しくは収用（第64条1項)」することができ，「応
急措置の実施の支障となるもの除去その他必要な措置（第64条2項)」をとれ
る。

　このように，災害対応の第一次的責任は被災者に最も近い基礎自治体であ
る市町村が負うこととされている。

　市町村などに対する応援について，市町村長などは「都道府県知事等に対
し，応援を求め，又は災害応急対策の実施を要請することができる（第68条)」
とされており，また「都道府県知事に対し，自衛隊法第83条第1項の規定に
よる要請をするよう求めることができる」とされている。

　また，市町村が「その全部又は大部分の事務を行うことができなくなったと
き」には，都道府県知事は「応急措置の全部又は一部を当該市町村長に代わつ
て実施しなければならない（第73条1項)」とされている。

　市町村は，第一次的に住民の生命，身体および財産を災害から保護する責務
を果たす任務を課せられているのに対し，都道府県の役割は，市町村の後方支

援やさまざまな調整であり，都道府県は，広域的な見地から防災に関する事務を行い，区域内の市町村の総合調整を行う任務を課せられている。

〔3〕　その他の者の責務

災害対策基本法では，指定公共機関，指定地方公共機関，公共的団体，防災上重要な施設の管理者，住民などに対して，それぞれにの責務を規定している。住民に対しては，「自ら災害に備えるための手段を講ずるとともに，防災訓練その他の自発的な防災活動への参加，過去の災害から得られた教訓の伝承その他の取組により防災に寄与するように努めなければならない（第7条3項）」という責務が与えられている[52]。

7.2.2　防災に関する組織

災害対策基本法は，平常時と非常時のそれぞれについて，国，都道府県，市町村の各段階で，防災に関する対応が総合的かつ一体的に実施されるよう，防災に関する組織の規定を置いている。

〔1〕　平常時の組織

防災に関する組織として国（内閣府）に**中央防災会議**を置くこととして，防災基本計画を作成してその実施を推進することや，防災に関する重要事項を審議するなど，中心的な役割が求められている（第11条2項）。

中央防災会議は，内閣総理大臣を会長とし，防災担当大臣と国務大臣などを委員とする組織である。中央防災会議は，最上位の計画である防災基本計画作成して実施推進すること，非常災害に際しては緊急処置に関する計画を作成して実施推進すること，および内閣総理大臣の諮問に応じて防災に関する重要事項を審議することなどが役割である。

中央防災会議には，「東海地震に関する専門調査会」，「東南海・南海地震等に関する専門調査会」，「首都直下地震対策専門調査会」などの専門調査会が設置されている。

地方自治体には，「都道府県防災会議」，「市町村防災会議」を置くこととされている（第14条，第16条）。これらの防災会議は，それぞれ都道府県レベ

ル，市町村レベルにおける防災に関する施策の調整機関である。地方防災会議が中央防災会議の場合と異なっている点は，災害発生時の連絡調整をも所掌していることである。

〔2〕　非常時の組織

災害応急対策を中心に機動的に防災対策を実施するための調整を行う組織として災害対策本部が設けられる。災害対策本部には，都道府県・市町村レベルで設けられる災害対策本部と，非常災害が発生した場合に国に設けられる非常災害対策本部，緊急災害対策本部がある。

災害対策本部は，都道府県または市町村の地域について，災害が発生し，または災害が発生するおそれがある場合において，災害情報の収集，災害予防，災害応急対策，そして関係機関との連絡調整を実施するために設置されるものである（第23条，第23条の2）。

大規模な災害が発生し，都道府県のみでは十分な対応が困難であり，国が災害応急対策を推進する特別の必要があると認められる場合，**非常災害対策本部**が臨時に内閣府に置かれる（第24条）。防災担当大臣などの国務大臣が本部長を務める。これまで，雲仙普賢岳噴火災害，阪神・淡路大震災，有珠山噴火，三宅島噴火，新潟県中越地震などで，この非常災害対策本部が設置された。非常災害対策本部は，国レベルの防災関係機関と被災地の防災関係機関の行う災害応急対策の総合調整が主たる任務である。

さらに，著しく異常かつ激甚な非常災害が発生した場合に災害応急対策を推進するために，内閣総理大臣を本部長とする**緊急災害対策本部**が臨時に設置される（第28条の2）。本部長は内閣総理大臣であり，すべての国務大臣が本部員となる。

阪神・淡路大震災の場合は非常災害対策本部が設置され，緊急災害対策本部は設置されなかったが[52]，阪神・淡路大震災以降，設置要件が緩和され，東日本大震災の際には緊急災害対策本部が設置された。

原子力事故が発生した場合も災害対策基本法が適用されるが，事故の重大性から緊急事態宣言をした際には，原子力災害対策特別措置法に基づいて，内閣

府に**原子力災害対策本部**を設置することとされている（第16条）。福島原発事故において初めてこの原子力災害対策本部が設置された[1]。

　災害対策基本法では，「非常災害が発生し，かつ，当該災害が国の経済及び公共の福祉に重大な影響を及ぼすべき異常かつ激甚なものである場合」に，「災害緊急事態の布告を発することができる（第105条）」との規定を設けている。国家を揺るがすような大災害に対して緊急対応に当たるという国家の決定を周知するものである。

　災害緊急事態が布告された場合，災害対策基本法第109条に基づき，国会が閉会中などの一定の条件のもとに，内閣は，つぎに掲げる事項について必要な措置をとるため，政令を制定することができるとされている。

一．その供給が特に不足している生活必需物資の配給又は譲渡若しくは引渡しの制限若しくは禁止

二．災害応急対策若しくは災害復旧又は国民生活の安定のため必要な物の価格又は役務その他の給付の対価の最高額の決定

三．金銭債務の支払（賃金，災害補償の給付金その他の労働関係に基づく金銭債務の支払及びその支払のためにする銀行その他の金融機関の預金等の支払を除く。）の延期及び権利の保存期間の延長

　しかし，この災害緊急事態の布告は，阪神・淡路大震災でも東日本大震災でも行われなかった。特に，東日本大震災の際にこれを布告しなかったことに対して批判が多く，今後この仕組みの活用に向けての整理が必要と思われる。

8
災害に備える法制度

本章では，災害が発生する事前，事中，事後の三つの段階のうち，事前の段階である災害に備える法制度として，まず，災害対策基本法における災害予防の規定を概説する。そのうえで，河川法，建築基準法，都市計画法などの災害予防のための社会資本整備・管理のための法制度，そして，災害対策基本法などによる防災計画制度やその他の事前防災に関する法制度について述べる。

8.1 災害対策基本法による災害予防

災害対策基本法は，国および地方公共団体が，災害の発生を予防し，または災害の拡大を防止するために実施に努めなければならない事項として，第8条の2に広い意味の災害予防に属する事項をあげている[1]。また，第35条に防災計画に定める事項を規定しているほか，基本法第4章として第46条から49条の9まで，災害予防に関する規定を置いている。第46条では災害予防および実施責任，第47条では防災に関する組織の整備義務，第47条の2では防災教育の実施義務，第48条では防災訓練義務，そして第49条では防災に必要な物資および資材の備蓄などの義務を定めている[1]。

第46条1項では，災害予防を，災害の発生を未然に防止するために行うつぎの行為と定義している。

一．防災に関する組織の整備に関する事項
二．防災に関する教育及び訓練に関する事項
三．防災に関する物資及び資材の備蓄，整備及び点検に関する事項
四．防災に関する施設及び設備の整備及び点検に関する事項

五. 災害が発生した場合における相互応援の円滑な実施及び民間の団体の協力の確保のためにあらかじめ講ずべき措置に関する事項

六. 要配慮者の生命又は身体を災害から保護するためにあらかじめ講ずべき措置に関する事項

七. 前各号に掲げるもののほか，災害が発生した場合における災害応急対策の実施の支障となるべき状態等の改善に関する事項

8.2　災害予防のための社会資本の整備，管理のための法制度

わが国の災害予防のための社会資本の整備，管理のための法制度は，災害に見舞われた経験を経て，逐次，整備されてきた。治水については，『河川法』，『砂防法』，『森林法』の治水三法がある。治山については，『森林法』，『砂防法』，『地すべり等防止法』，『急傾斜地の崩壊による災害の防止に関する法律（急傾斜地法）』があり，あとの三つを砂防三法という。また，海岸の防護については，『海岸法』がある。

8.2.1　水災害防止に関する法制度

〔1〕　河　川　法

明治 29（1896）年 4 月に『明治河川法』が制定された。この法律は河川管理者を原則として都道府県とし，必要に応じて国が工事を実施する制度とした。当時頻発した水害の防止に重点を置いたもので，以後，大河川の改修はこの河川法のもとで実施された。

昭和 39（1964）年には『新河川法』が制定された。新河川法は，法の目的として，従来の治水に利水を加えたほか，一水系を本支川を含めて一貫管理し，一級河川を国の管理下に，二級河川を都道府県管理とするとともに，従前は河川法の適用外であった普通河川のうち市町村が指定したものについて河川法の規定の一部を準用することとした（準用河川）。これ以降，明治の河川法を『旧河川法』，昭和のものを『新河川法』として区別するようになった。

平成 3（1991）年 5 月の河川法改正で，高規格堤防が河川法に位置付けられ

た。高規格堤防は，土でできた，緩やかな勾配を持つ幅の広い堤防で，広くなった堤防の上は，通常の土地利用が可能で，新たなまちづくりを行うことができる。堤防の幅を非常に広くして破堤を防ぐ高規格堤防は，地震にも強く，万が一計画を超えるような大洪水が起きた場合でも，水が溢れることはあっても壊滅的な被害は避けることができる（**図 8.1**）[2]。

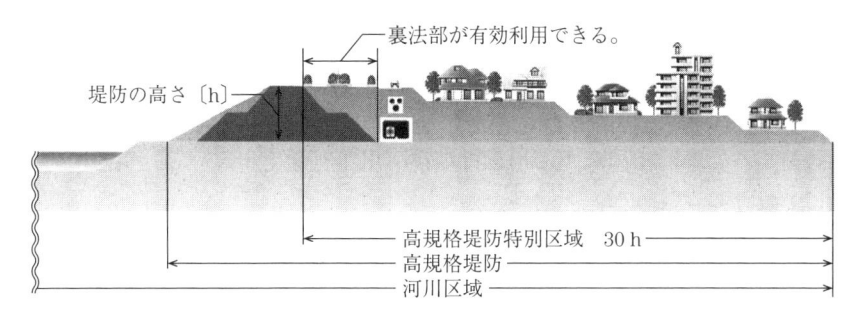

図 8.1 高 規 格 堤 防
（出典：国土交通省ホームページ：高規格堤防の効率的な整備に関
する検討会＞第1回 配布資料一覧[3]）

　国土交通省は，昭和 62（1987）年度より**特定高規格堤防整備事業**（平成 4 年度より**高規格堤防整備事業**と改称）を創設し，人口，資産が集積している首都圏および近畿圏において，施設の計画規模を上回る洪水に対し堤防決壊による壊滅的な被害を回避するために，高規格堤防を整備してきた。しかし，平成 22（2010）年 10 月の行政刷新会議の**事業仕分け**を踏まえ，国土交通省は平成 23（2011）年に事業スキームの抜本的見直しを行い，整備区間を大幅に絞り込んだ[3),4]。

　20 世紀の末には河川環境の保全に対する関心が高まり，平成 9（1997）年に河川環境の整備と保全を法目的に加えた改正がなされた。これは，長良川河口堰建設に対する反対運動をはじめ，折からの環境保護運動が活発化したことが背景にある。

　平成 9（1997）年以前の河川法のもとでは，河川の整備に関する計画については，工事実施基本計画を策定することとしていたが，法改正後は新たに，河

川整備の基本となるべき方針を決めた河川整備基本方針と，具体的な河川整備内容を決めた河川整備計画を設定することとなった。

　全国の河川の指定状況などを**表8.1**に示す。一級水系については国土交通大臣が直接管理するが，その中の主要な河川を二つに区分し，特に重要な幹川を**国土交通大臣管理区間**と呼ぶ。大臣管理区間以外の河川は，**指定区間**と呼び，一定規模以上の水利権などを除いて，通常の管理を都道府県知事に委任している。一級河川および二級河川は，河川法が適用されるが，それ以外で河川法の規定の一部を準用し，市町村長が管理する河川を準用河川という。また，一級河川，二級河川，準用河川以外の小河川を普通河川と呼び，実際の管理は，市町村などが行っている[5),6)]。

表8.1　全国の河川の指定状況（平成28年4月現在）

水　　系	模　式　図	河　川　別	管理者
〈一級水系（109 水系）〉 国土安全上または国民経済上，特に重要な水系は，国土交通大臣が直接管理		一級河川（14 062 河川） 大臣管理区間 指定区間 準用河川 普通河川	国土交通大臣 都道府県知事 市町村長 地方公共団体
〈二級水系（2 711 水系）〉 一級水系以外の水系は，二級水系として都道府県知事が管理		二級河川 （7 080 河川） 準用河川 普通河川	都道府県知事 市町村長 地方公共団体
〈単独水系〉 一級水系，二級水系以外の水系		準用河川 普通河川	市町村長 地方公共団体

　河川法では，水系ごとに治水に関する方針や目標などを定める**河川整備基本方針**を定める，その基本方針を受けて，計画的に河川の整備を実施する必要がある区間については，**河川整備計画**を定めることとしている。わが国の治水施設の整備状況について見ると，大河川については $100 \sim 200$ 年に1回の洪水に対応できることを目標に河川の整備が進められているが，現在の段階では，ほとんどの河川が整備途上である[1)]。

　河川法上，河川区域内で土地の占用などを行う場合や，河川保全区域内での工作物の設置などを行う場合は，河川法の許可が必要である。ここで，**河川区**

域とは，河川に必要な区域のことで，河川の流水が継続して存する土地の区域や，河川管理施設（堤防など）の敷地などがこれにあたる。**河川保全区域**とは，河岸または河川管理施設を保全するために，河川区域に隣接する一定の区域を河川管理者が指定するものである（**図8.2**）[7]。

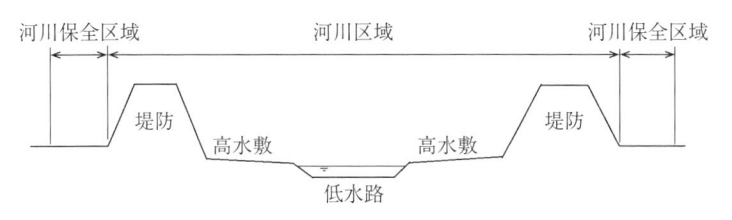

図8.2 河川区域と河川保全区域

　昭和40年代から50年代にかけて，全国各地で洪水による被害に対して，国家賠償法に基づき河川管理者の責任を問う損害賠償請求訴訟が多数提起された。

　国家賠償法は，第二次世界大戦後，日本国憲法第17条（国及び公共団体の賠償責任）の規定を受け，昭和22（1947）年に民法（明治31年施行）の特別法[8][†]として施行された。そこでは，第2条の「公の営造物の設置管理の瑕疵」に基づく損害が認められる場合「賠償する責に任ずる」と規定されている。

　河川管理責任を明らかにしたおもな水害訴訟判決の事例を**表8.2**に示す。① の事例は，昭和47（1972）年7月10日から13日にかけて総雨量300 mmの豪雨により東部大阪地域を中心に各所で浸水被害が発生し，床上浸水などの被害を受けた大東市の住民71人が国（河川管理者），大阪府（河川管理費用負担者），大東市（水路管理者）に対し損害賠償を求めたものであり，大東水害訴訟といわれる。昭和51年の一審判決，昭和52年の二審判決のいずれも国が敗訴し，それが前例となって，昭和54（1979）年1月多摩川訴訟一審判決（④），昭和56（1981）年11月志登茂川一審判決（③），昭和57（1982）年12

---

† **特別法**とは，ある特定の事項について，一般法よりも優先して適用される法律のことをいう。例えば，商人による取引については，民法の特別法として，商法が優先して適用される（商法第1条）。

表8.2　河川管理責任を明らかにしたおもな水害訴訟判決（Sは昭和，Hは平成）

	水　害	河川名 （都道府県名）	提訴年月	国などの側の勝敗
①	S47.7	谷田川 （大阪）	S48. 1	一審敗訴（S51.2）→二審敗訴（S52.12）→ 上告審差し戻し（S59.1）→差戻審勝訴 （S62.4）→差戻上告審（H2.6）
②	S49.7	平作川 （神奈川）	S51.12	一審勝訴（S60.8）→二審勝訴（H3.4）
③	S49.7	志登茂川 （神奈川）	S50. 7	一審敗訴（S56.11）→二審勝訴（H元.3） →上告棄却（H5.3）
④	S49.9	多摩川 （東京）	S51. 2	一審敗訴（S54.1）→二審勝訴（S62.8）→ 上告審差し戻し（H2.12）→差戻審敗訴（H4.12）
⑤	S51.9	長良川 （岐阜）	S52. 6 墨俣 S52. 6 安八	一審勝訴（S59.5）→二審勝訴（H2.2）→ 上告審差戻し（H6.10） 一審敗訴（S57.12）→二審勝訴（H2.2）→ 上告棄却（H6.10）

月長良川安八訴訟一審判決（⑤）と続けて国側が敗訴した。

　ところが，大東水害訴訟の上告審において昭和59（1984）年1月に，国側敗訴の控訴審判決を差し戻すという判決が出された。これが有名な大東水害訴訟最高裁判決である。その後，差戻審で国側勝訴，そして上告審となり平成2年6月に判決が確定した。昭和59（1984）年1月の最高裁判決が判例となり，その後の水害訴訟判決はほとんどの事例で国側が勝訴となった。昭和59（1984）年5月の長良川墨俣訴訟一審判決（⑤），昭和60（1985）年8月の平作川訴訟一審判決（②），昭和62（1987）年8月の多摩川訴訟二審判決（④），平成元（1989）年3月の志登茂川二審判決（③），平成2（1990）年2月の長良川安八訴訟二審判決（⑤）などである。ただし，多摩川水害訴訟（④）については，その後，上告審差し戻し（平成2年12月）となり，平成4（1992）年12月の差戻審で国側敗訴が確定した。

　大東水害訴訟は，昭和47（1972）年7月10日から13日にかけて総雨量300 mmの豪雨による一級河川谷田川および水路からの溢水により，東部大阪地域を中心に各所で浸水被害が発生し，大東市の住民71人が国（河川管理者），大阪府（河川管理費用負担者），大東市（水路管理者）に対し損害賠償を求め

たものである。

　この判決は，河川は本来的に洪水氾濫の危険を内包しており，道路の通行止めなどの危険回避手段を有せず，財政的，時間的，技術的および社会的制約が存在するという河川管理の特殊性を認めたものであり，改修中河川の管理瑕疵の有無の判断基準として，改修計画の合理性および早期の改修工事の必要性が示された。一般的判断基準としては，「河川管理の特殊性および治水事業における財政的，技術的および社会的制約を考慮して，諸般の事情を総合的に考慮し，右の諸制約のもとでの同種・同規模の管理の一般水準および社会通念に照らして是認し得る安全性を備えていると認められるかどうかである」とされた。

　大東水害訴訟最高裁判決以降，水害で河川管理者が敗訴する事例はほとんどなくなったが，前述したように，多摩川水害訴訟は例外となった。多摩川水害は，昭和49（1974）年9月の台風16号に伴う多摩川の洪水により，狛江市地先の農業用取水堰（宿河原堰）の左岸側取付け部が破壊されて発生した迂回流によって左岸堤260 mが決壊し，家屋などが流失したものである。狛江市の被災者33人が堤防決壊の責任を追及し，昭和51（1976）年に国に対し損害賠償を求めた（図 **8.3**）。

　平成2（1990）年12月13日の多摩川水害訴訟最高裁判決は，改修済み河川で許可工作物の欠陥に起因して生じた水害について，河川管理の瑕疵があるとの考え方を示した。許可工作物設置者に対する監督処分権の行使（河川法75条1項，2項）によって改築などを命じることについては，工作物管理者の多くを占める市町村の財政難などの問題もあり，現実にはきわめて困難であり，そのような「制約」が認められなかったのは，河川管理者側にとって厳しい判決であったといえる[9]。

図 8.3　昭和 49（1974）年 9 月多摩川決壊箇所
（出典：狛江市ホームページ：悪夢のような多摩川堤防決壊）

〔**2**〕　**特定都市河川浸水被害対策法**

　わが国における総合的な治水の端緒は，昭和 30 年代からの高度経済成長期の急速な都市化に伴う開発抑制として行政指導による防災調整池の設置や都市計画法による区域区分と治水事業との調整に始まった。当時の急激な都市開発により河川流域の保水機能や遊水機能の低下が著しく，河川改修だけでは治水上の安全度が向上しないという深刻な状況にあった。昭和 55（1980）年に建設事務次官通達『総合治水対策の推進について』が出され，総合治水対策特定河川事業の対象河川とされた鶴見川，新河岸川，猪名川，新川などの一級河川 13 河川と引地川（神奈川県），巴川（静岡県）などの二級河川 4 河川の計 17 河川について，流域総合治水対策協議会の設置や流域整備計画の策定がなされた。

　しかし，土地利用の高度化が依然として止まらず，平成 11（1999）年と平成 15（2003）年の福岡水害や平成 12（2000）年の東海豪雨など都市部における甚大な浸水被害が多発した。このため，都市部の河川流域においてさらなる一体的な浸水被害対策が必要となり，平成 16（2004）年 5 月に『特定都市河川浸水被害対策法』が施行された。

　この法律において，流域において著しい浸水被害が発生し，またはそのおそれがあるにもかかわらず，河道または洪水調節ダムの整備による浸水被害の防止が市街化の進展により困難な都市部の河川のうち，国土交通大臣または都道府県知事が区間を限って指定する河川を**特定都市河川**としている（第2条1項）。

　特定都市河川として，平成17（2005）年に一級河川鶴見川，平成18（2006）年に新川，寝屋川，平成21（2009）年に二級河川巴川（静岡県），平成24（2013）年に境川（愛知県），猿渡川（愛知県），平成26（2015）年に境川（神奈川県），引地川（神奈川県）が指定されている[10]。

　特定都市河川を指定するときは，併せて当該特定都市河川に係る特定都市河川流域を指定することとされており（第3条），特定都市河川および特定都市河川流域が指定されたときは，河川管理者，都道府県および市町村の長ならびに当該河川に雨水を放流する下水道管理者は，共同して，特定都市河川流域における**流域水害対策計画**を定めることとしている（第4条1項）。

　流域水害対策計画が策定されると，これに基づき河川管理者による雨水貯留浸透施設の整備などの措置が行われる。また，特定都市河川流域においては，雨水浸透阻害行為，保全調整池の指定に対し規制などがなされる。

　また，流域水害対策計画において定められた都市洪水の発生を防ぐべき目標となる降雨が生じた場合，その特定都市河川の氾濫による都市洪水が想定される区域を**都市洪水想定区域**として指定し（第32条），円滑かつ迅速な避難の確保するための措置について定めることとしている（第33条）[11]。

〔**3**〕　**水　防　法**

（**1**）　**水防法改正の経緯**　　1947年9月のカスリーン台風の発生を契機に，洪水や高潮に際して，水災を警戒，防御し，それによる被害を軽減することを目的に昭和24（1949）年6月に『水防法』が制定された。水防法は，水防組織，水防活動などについて定めており，水災の警戒や水害の軽減のために行政側が取るべき行動について規定している。

　水防法によれば，水防行政の基本的な責任主体は市町村とされているが，関

係市町村が共同して設置する水防事務組合や，『水害予防組合法』（明治41
（1908）年公布）に基づいて設立される地縁的な公共組合である水防予防組合
も，補完的に水防に責任を負うものとされている。これら三つの団体を**水防管
理団体**という。

　昭和30（1955）年7月11日の水防法改正で洪水予報と水防警報の実施が義
務付けられた[12]。洪水予報については，全国で15の大河川（石狩川から筑後
川まで）において行われることになった。**洪水予報**は，河川の増水や氾濫など
に対する水防活動の判断や住民の避難行動の参考となるように発する情報であ
り[13]，**水防警報**とは，河川が所定の水位に達した際に，水防団や消防機関など
の出動の指針とするために河川管理者が発信するものである[14]。

　平成11（1999）年6月の福岡水害，平成12（2000）年9月の東海豪雨と深
刻な都市型水害が相次ぎ，平成13（2001）年6月に水防法が改正された[12]。
これにより，国土交通大臣が気象庁長官と共同して行う洪水予報に加え，都道
府県知事が気象庁と共同して，洪水により相当な損害が生じるおそれがある河
川について，洪水予報を行うこととなった。そして，国土交通大臣または都道
府県知事は，洪水予報河川の氾濫による浸水が想定される区域とその浸水深を
事前に公表し，市町村は，市町村地域防災計画において，浸水想定区域ごとに
予報の伝達方法，適切な避難場所などについて定め，住民に周知することとさ
れた（**図8.4**）[15]。

　平成16（2004）年は7月の新潟・福島豪雨による堤防決壊をはじめとして
水害が多発した。これを契機に平成17（2005）年に水防法が改正され，浸水
想定区域の指定対象河川の拡大，洪水予報などの伝達方法，避難場所の洪水ハ
ザードマップなどによる周知措置が徹底され，水位周知河川の制度が創設され
た[16],[17]。

　平成23（2011）年3月の東日本大震災を受けて，同年12月に『津波防災地
域づくりに関する法律（津波防災地域づくり法)』と併せて，水防法が改正さ
れた。従来，水防法は，洪水，高潮に際し，水災を警戒，防御し，これによる
被害を軽減することを目的としており，解釈上「洪水または高潮」に含まれる

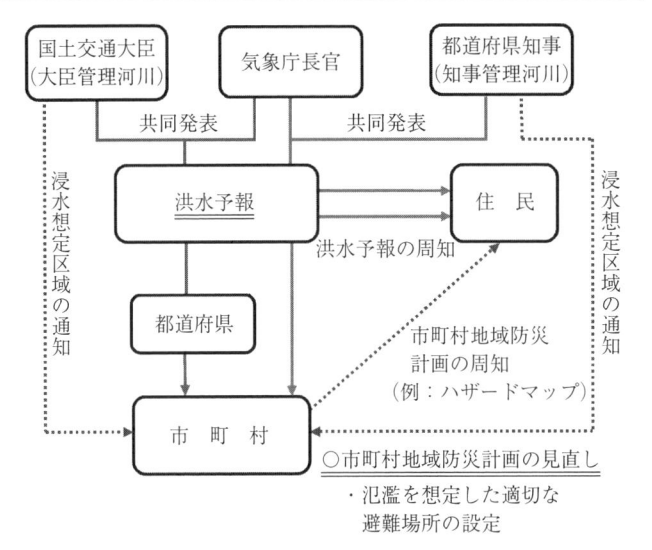

図 8.4 平成 13（2001）年の水防法改正の概要
（出典：国土交通省近畿地方整備局猪名川河川事務所：
参考資料, 水防法等の一部を改正する法律について[15]）

ものとして,「津波」による災害にも対応していたが[18],「津波」を水防法の目的に明記し（1条）, 水防計画における水防活動従事者の安全配慮（7条）, 国土交通大臣による特定緊急水防活動実施（32条）, 水防訓練の実施の拡大（32条の2）, 津波避難訓練への参加（32条の3）, 洪水ハザードマップと津波ハザードマップの一覧化（15条）などの規定を設けた。

2002年にアメリカでハリケーン・サンディによる地下街の浸水被害が大きな話題となり, 平成25（2013）年に水防法が改正され, 浸水想定区域内の地下街など, 要配慮者利用施設, 大規模工場における避難確保計画, 避難訓練の実施, 自衛水防組織の設置が義務または努力義務とされた。また, 地下街の避難確保計画, 避難訓練の実施, 自衛水防組織の設置が義務化され, 要配慮者利用施設, 大規模工場の避難確保計画, 避難訓練の実施, 自衛水防組織の設置が努力義務とされた[17]。

平成25（2013）年8月の集中豪雨による大阪市梅田駅周辺の浸水や, 平成26（2014）年8月の台風11号による徳島県阿南市での避難所（中学校）の2

階までの浸水被害の発生など[19]，想定を超える浸水被害が多発したことから，平成27（2015）年5月に水防法などが改正された。これにより，洪水にかかわる浸水想定区域を，河川整備において基本となる降雨を前提とした区域としていたものを，想定し得る最大規模の洪水にかかわる区域に拡充して公表することとしたほか，新たに内水および高潮にかかわる浸水想定区域制度を設けて想定し得る最大規模の降雨，高潮を前提とした区域を公表することとした。また，内水および高潮に対応するため，下水道および海岸の水位により浸水被害の危険を周知する制度を創設した[20]。

　平成27（2015）年9月には関東・東北豪雨が発生し，平成28（2016）年8月には台風10号などが北海道・東北地方を襲った。これらにより，逃げ遅れによる多数の死者や甚大な経済損失が発生したことを踏まえ，社会全体でこれに備える水防災意識社会の再構築への取組みが必要と考え，「逃げ遅れゼロ」，「社会経済被害の最小化」を実現し，同様の被害を二度と繰り返さないよう，平成29（2017）年6月に水防法などが改正された。この改正により，国土交通大臣または都道府県知事が指定する河川における流域自治体，河川管理者などからなる協議会の創設，市町村長により水害リスク情報を住民へ周知する制度の創設，要配慮者利用施設の避難確保計画作成および避難訓練実施の義務化，水防活動を行う民間事業者への緊急通行などの権限付与，水防管理者が指定する輪中堤などの掘削，切り土などの行為の制限などが規定された[21]。

（**2**）　**河川の洪水予報**　　洪水予報河川における洪水予報には，つぎの4種類がある。これらはつぎのような場合に発表されるのが通常である（**図8.5**）[13]。

① 　**氾濫注意情報**：氾濫注意水位に到達し，さらに水位の上昇が見込まれるとき

② 　**氾濫警戒情報**：避難判断水位に到達し，さらに水位の上昇が見込まれるとき，あるいは水位予測に基づき氾濫危険水位に達すると見込まれたとき

③ 　**氾濫危険情報**：氾濫危険水位に到達したとき

④ 　**氾濫発生情報**：氾濫が発生したとき

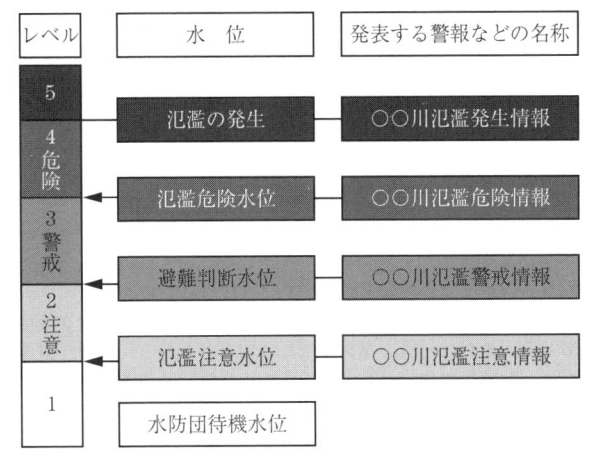

図 **8.5**　河川の洪水予報と水位の関係
（出典：国土交通省 川の防災情報：
河川の洪水予報と水位の関係[13]）

（3）　避難判断水位（特別警戒水位）の通知，周知

　洪水予報は，河川が氾濫する前に余裕を持って避難できるよう，水位や流量を予測して発表しているが，降雨から水位の上昇までの時間が短く洪水予報を行う時間的な余裕がない中小河川については，氾濫危険水位から避難に要する一定時間の水位変化量を差し引いた水位として特別警戒水位（避難判断水位と読替える）を設定（中小河川の特別警戒水位の設定要領）し，この水位に到達した場合に通知，周知するとしている。この発表は氾濫警戒情報として，県を通じて市町村に通知している[22]。このような情報を通知および周知する河川を水位周知河川と呼称している。

　平成 29（2017）年 3 月末時点において，全国で 2018 河川が洪水予報指定河川または水位周知河川に指定されている（**表 8.3**）[23]。

表 8.3　洪水予報河川と水位周知河川（平成 29 年 3 月 31 日時点）

	洪水予報河川[*1]	水位周知河川[*2]
国管理河川	109 水系 293 河川	58 水系 140 河川
都道府県管理河川	65 水系 128 河川	661 水系[*3] 1 457 河川
合　計	421 河川	1 597 河川

＊1：洪水予報指定河川：流域面積が大きい河川で，洪水により国民経済
　　　上重大または相当の損害を生じるおそれがある河川。
＊2：水位周知河川：洪水予報河川以外の河川のうち，洪水により国民経
　　　済上重大または相当の損害を生じるおそれがある河川で，避難判断
　　　水位（特別警戒水位）を定めて，この水位に到達した旨の情報を出
　　　す河川。
＊3：水位周知河川における補助河川の水系数は，各県ごとの水系数をそ
　　　のまま合計している。
（出典：国土交通省ホームページ：洪水予報河川とは（水防法）[23]）

8.2.2　土砂災害防止に関する法制度

〔1〕　砂　防　法

　明治 29（1896）年に『河川法』が制定されたが，その主眼は，舟運，大規
模河川対策であった。また，明治 30（1897）年に制定された『森林法』は，
民有林の山林管理，木材生産が対象であり，荒廃地対策ではなかった。『砂防
法』は，砂防工事などの必要性から，これら二つの法で不十分な部分を補っ
て，明治 30（1897）年に制定された[24]。

　砂防法は，豪雨による山崩れや河床の浸食の現象に伴う不安定な土砂の発生
とその流出による土砂災害を防止することによって，望ましい環境の確保と河
川の治水上，利水上の機能の保全を図ることを目的としている。すなわち，砂
防法は土石流対策の法律である[25]。

　国土交通大臣は，土砂の流出による被害を防止するため，砂防堰堤などの砂
防設備が必要と判断される土地や，区域内で行われる一定の行為の禁止や制限
する必要がある土地について，砂防指定地として指定できる。砂防指定地内に
おいて禁止される行為は，砂防設備を損壊する行為である。また，制限される
行為は，① 土地の掘削，盛り土または切り土そのほか土地の形状の変更，②

立 木竹の伐採，③ 土石，木竹その他の物件の堆積，④ 工作物の新築，改築または除去などであり，行為を行う前に知事の許可が必要となる[26]。

　この法律に基づいて，国土交通省，都道府県などが，砂防堰堤，床固め工群などの砂防設備の整備を行う砂防事業や，施設の補修などの管理を実施している[27]。

〔**2**〕　**地すべり等防止法**

　地すべり対策については，従来から，砂防法による砂防事業，森林法による保安施設事業などとして実施されてきたが，昭和 32（1957）年 7 月の西九州地方で発生した災害のうち，特に地すべりによる被害が死傷者数人に及び，多大な人生と財産を失う大惨事が発生した。その中には，砂防法では採択できない都市周辺の地すべりなどがあり，また，家屋の移転避難の措置などの規定が砂防法および森林法にないため，さらには，「ぼた山」についても保全施設もないまま放置されていたものがかなりあったので，全国的に総合的な地すべり対策に対する要請が高まり，昭和 33（1958）年に『地すべり等防止法』が制定された[24]。

　主務大臣（国土交通大臣または農林水産大臣）は，地すべりが起きている区域または地すべりのおそれがきわめて大きい区域，およびこれらに隣接する地域のうち，地すべりを助長，誘発するおそれのきわめて大きいものを地すべり防止区域に，ぼた山のある区域で，ぼた山の崩壊による被害を除却，軽減するために，公共の利害に密接な関連を有するものをぼた山崩壊防止区域として指定することができる。地すべり防止区域内で，地下水の排水施設の機能を阻害する行為やぼた山崩壊防止区域内で土石の採取や集積を行う場合は，都道府県知事の許可を受けなければならない[28]。

　この法律に基づいて，国土交通省，都道府県などが，地すべり防止区域において，排水施設，擁壁その他の地すべり防止施設などを新設，改良する地すべり対策事業を実施している[27]。

〔**3**〕　**急傾斜地法**

　急傾斜地の崩壊による災害から国民の生命を保護するため，急傾斜地の崩壊

を防止するために必要な措置を講じるため，昭和44（1969）年7月に『急傾斜地の崩壊による災害の防止に関する法律（急傾斜地法)』を制定した。

　崩壊するおそれのある急傾斜地（傾斜度が30度以上の土地）で，その崩壊により一定規模以上の人家，官公署，学校，病院，旅館などに危害が生じるおそれのある土地およびこれに隣接する土地のうち，一定の行為を制限する必要がある土地の区域について，都道府県知事が**急傾斜地崩壊危険区域**に指定すると，その土地においては，水の浸透を助長する行為，法切り，切り土，立木竹の伐採，工作物の設置などの行為が制限される[29]。

　この法律に基づいて，国土交通省の交付金などにより，都道府県などが，急傾斜地崩壊危険区域内の自然崖に対し，急傾斜地の所有者などが崩壊防止工事を行うことが困難または不適当な場合，擁壁工，排水工および法面工など急傾斜地崩壊防止施設の設置，そのほか急傾斜地の崩壊を防止する工事を行う急傾斜地崩壊対策事業を実施している[27]。

〔4〕　土砂災害防止法

　平成12（2000）年5月に，土砂災害のおそれのある区域について危険の周知，警戒避難態勢の整備，住宅などの新規立地の抑制，既存住宅の移転促進などのソフト対策を推進するため，『土砂災害防止法』が制定された。これにより，通称**イエローゾーン**と呼ばれる**土砂災害警戒区域**と，**レッドゾーン**と呼ばれる**土砂災害特別警戒区域**が指定され，危険の周知，警戒避難体制の整備，特定の開発行為や建築物についての規制などのソフト対策がとられるようになった。

　この法律により，まず国土交通省が土砂災害防止対策基本指針を作成し，それを受けて，都道府県が基礎調査を実施して土砂災害警戒区域や土砂災害特別警戒区域の指定を行う手順とされている[30]。しかし，法施行後多くの都道府県で基礎調査が進まなかった。そうした状況で，平成26（2014）年8月に広島県内で再度，広島市安佐南区，安佐北区を中心とした地域で土砂災害が多発し，70人以上が死亡した。この土砂災害では被災地域の多くが警戒区域に指定されておらず，大きな被害を受けた安佐南区の八木地区や緑井地区では，基

礎調査を終えて住民説明会を控えていたときに災害が発生する事態となった。これを契機に同年 11 月に本法律が改正され，基礎調査結果の公表を義務付け，基礎調査が遅れている都道府県などへの是正要求，土砂災害警戒情報の市町村長および住民への周知義務付けなどが規定された[31]。

平成 29（2017）年 6 月の『水防法等の一部を改正する法律』（平成 29 年法律第 31 号）の施行により，要配慮者利用施設の避難体制の強化を図るために土砂災害防止法も改正された。改正後の土砂災害防止法では，土砂災害警戒区域内の要配慮者利用施設の所有者または管理者に対し，避難確保計画の作成および避難訓練の実施を義務付け，施設利用者の円滑かつ迅速な避難の確保を図ることとしている[32]。

〔5〕 活動火山対策特別措置法

平成 26（2014）年 9 月 27 日に御嶽山において噴火が発生し，火口周辺で多数の死者，負傷者が出る甚大な被害が生じた。この噴火により，噴火の兆候をいち早くとらえて伝達することが重要であること，住民だけでなく登山者も対象とした警戒避難体制の整備が必要であり，このためには専門的知見を取り入れた火山ごとの検討が必要不可欠であることなど，さまざまな課題が改めて認識された。これを受けて，平成 27（2015）年 7 月には，活動火山対策特別措置法が改正され，活動火山対策の対象として登山者を明記するとともに，火山現象の発生および推移に関する情報や予警報の伝達，住民や登山者などがとるべき避難のための措置について市町村長が行う通報，警告，避難場所や避難経路など，警戒避難体制に関する事項を地域防災計画に定めること，その際，専門的知見を取り入れた検討を行うため，国，関係地方公共団体，火山専門家などが参画した火山防災協議会の意見を聴取すること，登山者などが集まる集客施設の所有者などは，避難確保計画を作成することなどの措置が講じられた。さらに，火山研究機関相互間の連携の強化や火山専門家の育成，確保，地方公共団体による登山者などの情報の把握，登山者など自身が火山情報の収集など自らの身を守る手段を講じるよう努めることとされた。このように，平成 27（2015）年の改正により，活動火山対策特別措置法は，従来講じていた避難施

設の整備などのハード対策に加え，警戒避難体制の整備などのソフト対策の充実も図り，より総合的に活動火山対策を進める法律となった[33]。

　国土交通省，都道府県などは，砂防法に基づいて，土砂流出の著しい火山地域（火山地，火山麓地），および火山活動の活発な火山地域に重点を置いて砂防堰堤，遊砂地，導流堤，さらには床固め工群などの砂防設備の整備を行う砂防事業を実施している[27]。

8.2.3　海岸防災に関する法制度

〔1〕　海　岸　法

　昭和28（1953）年9月の台風13号による被害を受けて制定された，特別の国庫負担率の適用などを定める特別立法を契機として，昭和31（1956）年5月に『海岸法』が制定された[34]。

　海岸法は「津波，高潮，波浪その他海水又は地盤の変動による被害から海岸を防護するとともに，海岸環境の整備と保全及び公衆の海岸の適正な利用を図り，もつて国土の保全に資することを目的とする（第1条）」ものである。海岸は，河川と同様に，自然の状態で公共の用に供される**自然公物**であるが，河川については河川法による管理が行われてきたのに対し，海岸管理については，以前は包括する法律がなく，国有財産法，港湾法，漁港法，地方公共団体の条例などにより断片的に規制されていた。そこで，海岸の管理主体，海岸における行為の制限，海岸保全施設築造の基準，費用分担などを体系的に定める海岸法が制定された。

　都道府県知事は，海岸を防護するために必要のある区域を海岸保全区域として指定し（第3条），海岸の管理を行うが，都道府県知事が指定したものについて市町村長が管理する場合などもある。海岸管理者は，海岸保全施設の新設，改良，維持などの管理を行い，国土の保全上，特に重要なものについては主務大臣が海岸管理者に代わって直轄工事を施行することができる（第6条）。海岸保全区域の管理に要する費用は，原則としてその地方公共団体が負担するが，主務大臣の行う直轄工事の費用は国が3分の2を，地方公共団体が3分の

1を負担し（第26条），海岸管理者の海岸保全施設の新設または改良に要する費用は，政令で定めるところにより国がその一部を負担する（第27条）。

この法律における主務大臣は，① 港湾区域などにかかわる海岸保全区域に関しては国土交通大臣，② 漁港区域などにかかわる海岸保全区域に関しては農林水産大臣，③ 土地改良事業として管理している施設などにかかわる海岸保全区域に関しては農林水産大臣，④ 農地保全の事業などにかかわる海岸保全区域（③の地域を除く）に関しては農林水産大臣および国土交通大臣，⑤ 一般公共海岸区域のうち特定区域の管理者が管理するものに関しては特定区域に関する事項を所掌する大臣とされている（第40条）。

なお，特例として，国土保全上きわめて重要であり，かつ，地理的条件および社会的状況により都道府県知事が管理することが著しく困難または不適当な海岸で政令で指定したものにかかわる海岸保全区域の管理は，第5条第1項から第4項までの規定にかかわらず，主務大臣が行うものとする（第37条の2）との規定があり，現在，この規定が実際に適用されている地域は，東京都の小笠原諸島に属する沖ノ鳥島のみである。

海岸法は，平成11（1999）年には，海岸法の目的として，海岸の防護に加え，「海岸環境の整備と保全」および「公衆の海岸の適正な利用」を法目的に追加すること，海岸管理に関する総合的な計画制度を創設することなどの改正が行われた。この改正で，ほぼすべての海岸線に海岸管理者が置かれることとなった。

そして，平成23（2011）年3月に東日本大震災が発生したことを踏まえて，平成26（2014）年6月に海岸法が15年ぶりに改正された。その概要は以下のとおりである。

第一に，津波，高潮などにより海水が堤防を越えて侵入した場合の被害を軽減するため堤防などと一体的に設置された樹林等を海岸保全施設として位置付けるとともに（第2条），関係者が海岸の防災・減災対策を協議するための協議会を組織することができるとした（第23条の2）。

第二に，海岸堤防などは，高度成長期等に集中的に整備され，今後急速に老

朽化すると予想されることから，海岸管理者は海岸保全施設を良好な状態に保つよう維持，修繕すべきことを明確化し，統一的な維持，修繕の基準を定めることとした（第14条の5）。

第三に，海岸管理者は，海岸保全区域内で座礁した船舶が海岸保全施設を損傷するおそれがある場合などに，船舶所有者に対し，当該船舶の撤去などを命じることができることとした（第12条第3項）。

第四に，水門，陸閘などの操作に従事していた方が多数犠牲になったことから，海岸管理者などに対して，水門，陸閘などの操作方法，訓練などに関する操作規則などの策定を義務付けたほか，海岸管理者は，津波などの発生のおそれがあり緊急の必要があるときは，障害物の処分などをし，付近の居住者などを緊急措置に従事させることができることとし，これらに伴う損害を補償しなければならないとした（第14条の2～4，第21条の2～3，第23条）。

第五に，海岸の維持管理を充実させるため，海岸管理者は，海岸の維持等を適正かつ確実に行うことができる法人，団体を海岸協力団体として指定することができることとした（第23条の3，4）[35]～[37]。

わが国の海岸線の総延長は約35 000 km ときわめて長大であり，このうち防護工事の対象となる海岸として，約14 000 km が海岸法に基づいて海岸保全区域に指定されている[38]。海岸保全区域の管理は，都道府県知事などによって行われるが，主務官庁は，港湾区域，港湾隣接地域などにかかわる海岸保全区域は国土交通省港湾局，漁港区域にかかわる海岸保全区域は農林水産省水産庁，土地改良事業として管理している海岸施設のある地域にかかわる海岸保全区域は農林水産省農村振興局，これら以外の海岸保全区域は国土交通省水管理・国土保全局となっている[39]。それぞれの所管延長を図 **8.6** に示す[33]。

〔2〕 **津波防災地域づくりに関する法律**

東日本大震災により甚大な被害を受け，地域の復興にあたっては将来を見据えた津波災害に強い地域づくりを推進する必要があること，また，将来起こり得る津波災害の防止，軽減のため全国で活用可能な一般的な制度を創設する必

			200 km
1 600 km	3 200 km	5 400 km	4 100 km
農林水産省	農林水産省	国土交通省	国土交通省
農村振興局	水産庁	水管理・国土保全局	港湾局

国土交通省水管理・国土保全局
農林水産省農村振興局　共管

図 8.6　海岸保全区域の所管別延長（出典：平成 27 年国土交通省資料）

要があることから，平成 23（2011）年 12 月に『津波防災地域づくりに関する法律』を制定した。

この法律は，将来起こり得る津波災害の防止・軽減のため，全国で活用可能な一般的な制度を創設し，ハードおよびソフトの施策を組み合わせた**多重防御**による**津波防災地域づくり**を推進しようとするものである[40]。法律の概要を図**8.7** に示す。

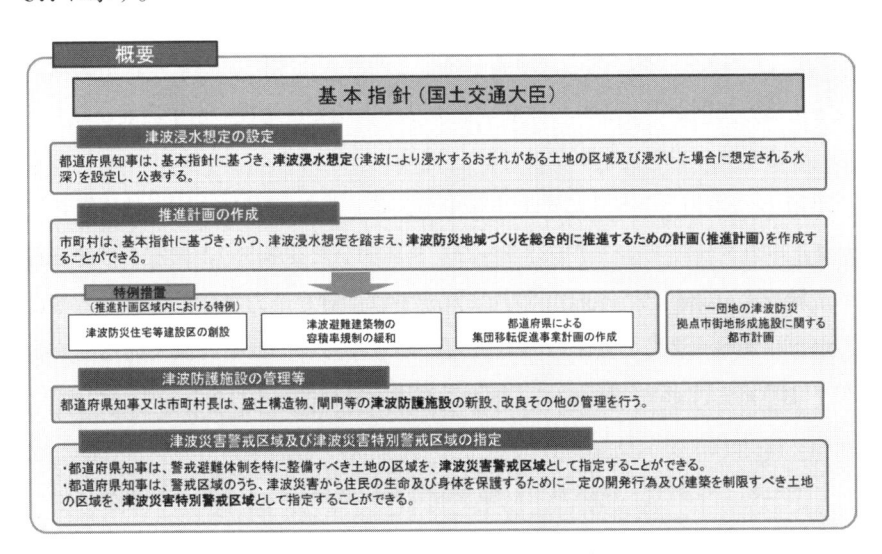

図 8.7　津波防災地域づくりに関する法律の概要
（出典：国土交通省ホームページ：津波防災地域づくりに関する法律について
2. 津波防災地域づくり法の解説等，法律及び基本指針の説明用資料[40]）

8.3　建築物の耐震化などのための法制度

8.3.1　建 築 基 準 法

建築物については，『建築基準法』により「自重，積載荷重，積雪荷重，風圧，土圧及び水圧並びに地震その他の震動及び衝撃に対して安全な構造のもの」として，建築物の区分に応じて定める「基準に適合するものでなければならない（第20条）」とされており，これに基づき耐震基準が定められている。

建築基準法の前身は，『市街地建築物法』である。市街地建築物法は大正8（1919）年に，わが国ではじめての建築法規として制定された。市街地建築物法第12条に「主務大臣は，建築物の構造，設備または敷地に関して衛生上または保安上必要な規定を設けることができる」と規定され，構造基準が定められた。構造設計法として許容応力度設計法が採用され，自重と積載荷重による鉛直力に対する構造強度が要求されたが，地震力に関する規定はなかった[41]。

大正12（1923）年に関東大地震が発生した翌大正13（1924）年に市街地建築物法施行規則が改正され，鉄筋コンクリート造では地震の水平震度を0.1以上とするなどの耐震規定が新設された[41]。

昭和25（1950）年5月に建築基準法が公布され，11月には市街地建築物法が廃止されて建築基準法が施行された。具体的な耐震基準（旧耐震）は建築基準法施行令（昭和25（1950）年）に規定され，許容応力度設計における地震力が水平震度0.2に引き上げられた。この考え方は，地震の最大加速度で約80〜100 gal（1 gal ＝ 1 cm/s^2），気象庁震度階で震度5程度である[42]。つまり，震度5程度の地震に対して，即座に建物が崩壊しないことが前提となっていた。木造住宅においては床面積に応じて必要な筋違（すじかい）などを入れる**壁量規定**が定められた。このときに，床面積当りの必要壁長さや，軸組の種類，倍率が定義された。

昭和34（1959）年に建築基準法が改正され，防火規定が強化された。木造住宅については壁量規定が強化され，床面積当りの必要壁長さや，軸組の種類，倍率が改定された。

　昭和 43（1968）年 5 月に十勝沖地震が発生し，昭和 46（1971）年に建築基準法施行令が改正された。鉄筋コンクリート造の柱のせん断補強筋規定が強化され，木造住宅については，基礎はコンクリート造または鉄筋コンクリート造の布基礎とすることとされ，風圧力に対し，見附け面積に応じた必要壁量の規定が設けられた。

　昭和 53（1978）年には宮城県沖地震が発生し，これを教訓として昭和 56（1981）年に建築基準法施行令が改正され，新耐震設計法が導入された。新耐震設計法では，地震力として 2 段階のものを考える。中地震時（震度 5 程度，80 〜 100 gal）に対し，水平震度 0.2 程度という従来と同様の耐震設計とし，関東大震災級の大地震時（震度 6 程度，300 〜 400 gal）に対し，建物の部分的損傷が生じても倒壊を防ぎ人命を守ることが前提であった[42]。木造住宅については，壁量規定の見直しが行われ，床面積当りの必要壁長さや，軸組の種類，倍率が改定された。

　平成 7（1995）年 1 月には兵庫県南部地震（阪神・淡路大震災）が発生し，この年の建築基準法改正では，接合金物などが奨励された。

　さらに，平成 12（2000）年に建築基準法および施行令が改正され，性能規定の概念が導入され，構造計算法として従来の許容応力度などの計算に加え，限界耐力計算法が認められた。木造住宅については，地耐力に応じた基礎構造が規定され，地耐力の調査が事実上義務化された。また，構造材とその場所に応じて継手，仕口の仕様を特定したほか，耐力壁の配置にバランス計算が必要となった[43]。壁倍率の高い壁の端部や出隅などの柱脚では，ホールダウン金物が必須になった[44]。

8.3.2　耐震改修促進法

　阪神・淡路大震災では，死者数の 88 ％が家屋などの倒壊による圧迫死であった。**図 8.8** に示すように，阪神・淡路大震災において，建築年が昭和 56（1981）年以前の建物に比べて昭和 57（1982）年以降の建物の被害が少なかった。

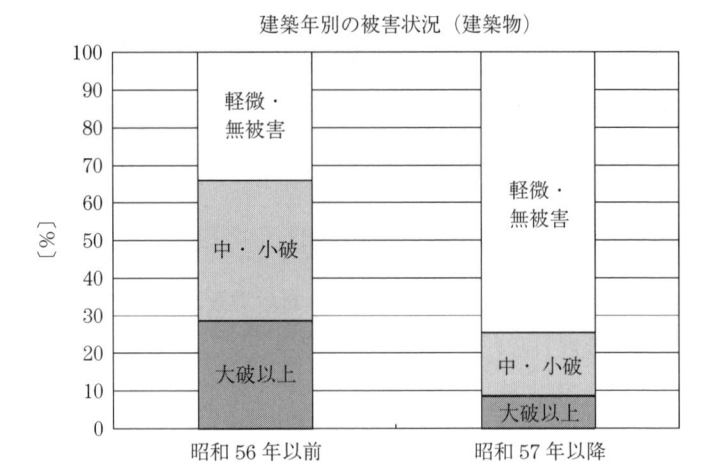

建築年別の被害状況（建築物）

図8.8　阪神・淡路大震災による建築物などにかかわる被害
（出典：国土交通省ホームページ：住宅・建築物の耐震化について[46]）

昭和56（1981）年6月1日以降に建築確認を受けた建築物に適用されている新耐震基準によって建築された建物が，倒壊に至るような大きな被害が少なかったことから，それ以前の建物の耐震性能の向上が緊急の課題であるとされた[45]。

　阪神・淡路大震災を教訓として，平成7（1995）年10月に制定され12月に施行された『建築物の耐震改修の促進に関する法律（耐震改修促進法）』の目的は，「地震による建築物の倒壊等の被害から国民の生命，身体及び財産を保護するため，建築物の耐震改修の促進のための措置を講ずることにより建築物の地震に対する安全性の向上を図り，もって公共の福祉の確保に資すること（第1条）」である。

　制定当初のこの法律では，学校，病院，劇場，百貨店，事務所，老人ホーム，賃貸住宅など多数の者が利用する建築物（用途にかかわらず一律3階・$1\,000\,\mathrm{m}^2$以上）を**特定建築物**とし，その所有者は，建築物が新しい耐震基準と同等以上の耐震性能を確保するよう耐震診断や改修に努めることが求められ，地方公共団体による指示などの対象とされた。

　その後，平成16（2004）年10月に新潟県中越地震，平成17（2005）年3月に福岡県西方沖地震が発生し，平成17（2005）年3月に中央防災会議による

地震防災戦略が決定され「住宅の耐震化率を現状の 75 ％から 9 割とすることが必要」とされた。そして，平成 17（2005）年 6 月の住宅・建築物の地震防災推進会議による提言『住宅・建築物の地震防災対策の推進のために』において，耐震改修促進法などの制度の充実，強化が求められた。

　このような動きを受けて，平成 17（2005）年 10 月に耐震改修促進法が改正され，平成 18（2006）年 1 月に施行された。改正法により，大規模地震に備えて学校や病院などの建築物や住宅の耐震診断，耐震改修を早急に進めるため，数値目標を盛り込んだ計画の作成が都道府県に義務付けられ，国土交通省は，建築物の耐震化率を平成 15（2003）年時点の 75 ％から平成 27（2015）年には少なくとも 90 ％に引き上げるという数値目標を柱とする基本方針を施行までに策定し，都道府県は，方針に基づき平成 18（2006）年中に計画を作成することとした。また，地方公共団体による指示などの対象に，幼稚園，小中学校，老人ホームなどが追加され，併せて政令改正により，これらの建築物の規模要件を引き下げ，指導などの対象も拡大された。また，指示などの対象として，危険物を取り扱う建築物を追加したほか，道路を閉塞させる住宅，建築物が追加された。平成 20（2008）年 4 月には，すべての都道府県で耐震改修促進計画が実施され，順次，市区町村での策定や実施が進められている[47]。

　一般的な木造住宅は，指示などの対象に該当しないが，各自治体では耐震診断，耐震改修に対して補助，融資を実施し，国がその一部を補助している。

　この改正耐震改修促進法により，数値目標を盛り込んだ計画の作成を都道府県が義務付けられたこともあり，耐震診断，耐震改修に関する補助，融資制度などが全国的に展開され，建築物に対する指導強化や，耐震改修支援センターの設置など支援措置も拡充された。

　平成 24（2012）年 8 月に，内閣府より南海トラフの巨大地震や首都直下地震の被害想定が発表され，これらの地震が最大クラスの規模で発生した場合，東日本大震災を超える甚大な人的・物的被害（建物被害約 94 万 〜 240 万棟，死者数約 3 万 〜 32 万人）が発生することがほぼ確実視されたことから，さらに建築物の地震に対する安全性の向上をいっそう促進することが求められた。

このため，建築物の耐震診断の実施の義務付け，耐震改修計画の認定基準の緩和などのために，耐震改修促進法を平成25（2013）年5月改正し，11月施行した。この改正で，耐震診断および改修に関しての対象範囲を拡充し，規制緩和や支援策を大幅に拡充した。例えば，指示などの対象に都道府県または市町村が指定する避難路沿道建築物を追加し，指示などの対象となる建築物のうち大規模なものなどについて，耐震診断を行い報告することを義務付け，その結果を公表することとした。また，すでに平成18（2006）年の改正で，各都道府県は**耐震改修促進計画書**を作成していたが，今回の改正に伴って見直しが求められ，市区町村の計画書も，より具体的な施策を含めた見直しが行われていくこととなった[48),49)]。

住宅，学校，病院，および百貨店などの木造住宅等特定建築物の耐震化の進捗状況は，**図8.9**のとおりである。住宅についても，昭和56（1981）年の新耐震基準以前に建てられた建築物を中心に耐震化を進める必要があり，各地方公共団体で耐震診断の補助制度の整備が進んでいる[50)]。

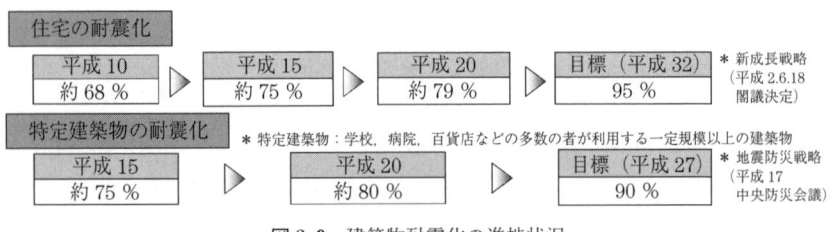

図8.9 建築物耐震化の進捗状況
（出典：国土交通省ホームページ：耐震化の進捗について，
平成23年1月大臣会見参考資料[50)]）

耐震改修促進法に基づく国の基本方針においては，住宅の耐震化率および多数の者が利用する建築物の耐震化率の目標について，『南海トラフ地震防災対策推進基本計画』および『首都直下地震緊急対策推進基本計画』，『住生活基本計画』（平成28（2016）年3月閣議決定）における目標を踏まえ，平成32（2021）年までに少なくとも95％とするとともに，平成37（2027）年までに耐震性が不十分な住宅をおおむね解消することを目標とし，耐震化の促進を

図っている。平成 25（2013）年時点の耐震化率は，住宅が約 82 %，多数の者が利用する建築物が約 85 %となっている[46]。

8.3.3 密集市街地整備法など

密集市街地は，道路が狭く，老朽化した木造建築物が多く，敷地が狭小で，公園などの空地が少ないという特色がある。密集市街地の改善策としては，従前から土地区画整理事業，住宅地区改良事業，市街地再開発事業などが行われてきたが，現実には事業の実施が困難で進捗ははかばかしくなかった。

そうした状況の中で，密集市街地の延焼により大きな被害が発生した阪神・淡路大震災を教訓とし，老朽木造建築物の除却や建替えにより密集市街地の改善を図るための基本的な枠組みを定めるため，平成 9（1997）年『密集市街地における防災街区の整備の促進に関する法律（密集市街地整備法)』が制定された。

密集市街地とは，「当該区域内に老朽化した木造の建築物が密集しており，かつ，十分な公共施設が整備されていないことその他当該区域内の土地利用の状況から，その特定防災機能が確保されていない市街地をいう（第 2 条 1 号)」。

内閣に設置された都市再生本部が都市再生プロジェクトとして，平成 13（2001）年 12 月に，密集市街地のうち特に危険な市街地 8 000 ha について平成 23（2011）年度末までに最低限の安全性を確保することを内容とする『密集市街地の緊急整備』の決定を行ったのを受け，平成 15（2003）年に，老朽木造建築物を防災性の高い建物に建て替えるための柔軟かつ強力な手法である防災街区整備事業の創設などを内容とする密集市街地整備法の改正が行われた。

しかし，重点密集市街地における最低限の安全性の確保の取組みの進捗率はその後も十分ではなく，平成 23（2011）年度までの目標達成が困難と見られたことから，密集市街地の整備，改善の取組みを加速するため，平成 19（2007）年 3 月，都市再生特別措置法，道路法などと一括で密集市街地整備法が改正された[51]。

8.4　土地利用の規制などの制度

　災害の危険のある地域への居住は極力避けるということは，災害を防ぐために効果的な方法であるが，このような土地利用に関する問題は，理解を得るのが難しいのが現実である．稀にしか起こらない災害の危険を回避するために日常の利益を犠牲にすることは困難な場合が多い。

　災害が起きる危険性が相対的に高い場所を明示したり，そのような土地の開発を規制したり，危険な地域での災害に対する警戒避難体制を整備しておくことが必要であり，これまでさまざまな法整備がなされてきた。

8.4.1　都市計画法および建築基準法による規制

〔1〕　都市計画法

　『都市計画法』においては，「無秩序な市街化を防止し，計画的な市街化を図るため必要があるときは，都市計画に，市街化区域と市街化調整区域との区分（以下「区域区分」という）を定めることができる」としており，首都圏整備法に規定する既成市街地または近郊整備地帯，近畿圏整備法に規定する既成都市区域または近郊整備区域，中部圏開発整備法に規定する都市整備区域を含む都市計画区域，そのほか政令で定める都市計画区域については，必ずこの区域区分を行うこととしている（第7条1項）。

　ここに，市街化区域とは，すでに市街地を形成している区域およびおおむね十年以内に優先的かつ計画的に市街化を図るべき区域であり，市街化調整区域とは，市街化を抑制すべき区域である（第7条3項）。そして，区域区分に関し必要な技術基準として，すでに市街地を形成している区域とは，相当の人口および人口密度を有する市街地その他の既成市街地ならびにこれに接続して現に市街化しつつある区域としており，おおむね十年以内に優先的かつ計画的に市街化を図るべき区域には，溢水，湛水，津波，高潮などによる災害の発生のおそれのある土地の区域を原則として含まないこととしている（施行令第8条）。

　昭和 45（1970）年 1 月に都市局長・河川局長通達（当時）『都市計画法による市街化区域及び市街化調整区域の区域区分と治水事業との調整措置等に関する方針について』（平成 12 年 12 月地方分権に伴う取扱いとして以降は技術的助言とされている）[52]において

①　おおむね 60 分雨量強度 50 mm 程度の降雨を対象として河道が整備されないものと認められる河川の氾濫区域および 0.5 m 以上の湛水が予想される区域

②　特に溢水，湛水，津波，高潮，土砂流出，地すべりなどにより災害の危険が大きいと想定される地域

については，原則として市街化区域に含めないものとされた[53]。

　このように，区域区分にあたって，溢水，湛水，津波，高潮などのおそれのある土地などは原則として市街化調整区域とされているが，既成市街地については，災害の発生のおそれのある土地であっても市街化区域とせざるを得ない状況である。

　また，都市計画法においては，開発行為について都道府県知事の許可を受けなければならない（第 29 条）としており，さらに，開発許可の基準により，崖崩れや地盤沈下などによる災害を防止するための擁壁設置等の処置を求めている（第 33 条）。

〔2〕　建築基準法

　『建築基準法』では，「地方公共団体は，条例で，津波，高潮，出水などによる危険の著しい区域を災害危険区域として指定」し，「災害危険区域内における住居の用に供する建築物の建築の禁止その他建築物の建築に関する制限（第 39 条）」をすることができるとしている。

　これまでに，昭和 34（1959）年 9 月の伊勢湾台風や平成 16（2004）年 10 月の新潟県中越地震をはじめ水害，地震，津波，火山噴火などの災害を受けた後に，災害危険区域の指定が多く行われてきた。

　伊勢湾台風の直後の昭和 34（1959）年 10 月には建設省事務次官通達（当時）『風水害による建築物の災害防止について』が出され，特に低地における災害

危険区域の指定を積極的に行い，区域内の建築物の構造を強化し，避難の施設を整備させることとされ，区域の指定範囲については

(1) 　高潮，豪雨などによって出水したときの水位が1階の床上を越え，人命に著しい危険を及ぼすおそれのある区域

(2) 　津波，波浪，洪水，地すべり，崖崩れなどによって，土や土砂が直接建築物を流失させ，倒壊させ，または建築物に著しい損傷を与えるおそれのある区域

を考慮することとされ，建築物の制限内容について，床面を予想浸水面以上の高さにすることなどとされた[54]。

　既成市街地における土地利用規制は困難ではあるが，伊勢湾台風による高潮被害を受けた名古屋市域では，広大な面積の災害危険区域指定と建築構造規制が昭和36（1961）年に行われた[55]。

　東日本大震災の被災地でも少なくとも23の市町村で災害危険区域指定条例が制定され，浸水地域の約1/3の面積が災害危険区域に指定された[56]。災害危険区域に指定されている例としては，実際に被災した地域のほかには，急傾斜地崩壊危険区域に関するものが多い。これは，急傾斜地崩壊対策事業の資金助成を受けて住居移転を行った跡地は必ず危険区域に指定されるからである。

　災害危険区域制度については，建築制限が土地所有者などの安全の確保を図るものであるので，規制に伴う補償措置は伴っていない。地方公共団体が実際に指定するのは，財産権との調整の難しさから躊躇する傾向が強く，災害に対して危険な区域であってもなかなか指定がされないという状況にある。

8.4.2　崖崩れなどの危険区域における行為規制

〔1〕　宅地造成等規制区減

　昭和36（1961）年6月に梅雨前線豪雨が全国各地を襲い，横浜市や神戸市の丘陵地の宅地造成地において崖崩れや土砂流出が多数発生したことを受けて，『宅地造成等規制法』が同年11月に制定され，翌昭和37（1962）年2月に施行された[57]。

　この法律は，宅地造成に伴う崖崩れまたは土砂の流出による災害の防止のため必要な規制を行うものであり（第1条），都道府県知事などが，崖崩れなどが生じやすい区域を規制区域に指定し（第3条），その区域内で行われる宅地造成について許可制により規制を行う（第8条）。

　また，宅地造成工事規制区域内の宅地の所有者などには，崖崩れなどの災害が生じないよう，つねに安全な状態を維持する責務があり（第16条1項），都道府県知事などは，災害の防止のため宅地の所有者などに勧告や改善命令を行うことができる（第16条2項，第17条）。

〔2〕　造成宅地防災区域

　宅地造成等規制法により，都道府県知事などは，関係市町村長の意見を聴いて，宅地造成に伴う災害で相当数の居住者などに危害を生ずるものの発生のおそれが大きい一団の造成宅地の区域を，基準に従って造成宅地防災区域として指定することができる（第20条）。

　そして，造成宅地防災区域内の造成宅地の所有者などには，災害の防止のため擁壁などの設置などの措置を講ずる責務があり（第21条1項），都道府県知事などは，災害の防止のため造成宅地の所有者などに勧告や改善命令を行うことができる（第21条2項，第22条）[58]。

〔3〕　土砂災害特別警戒区域

　8.2.2項で述べたように，土砂災害防止法に基づき，都道府県知事は，土砂災害が発生した場合に住民に危害が及ぶおそれがある区域で警戒避難体制を整備すべき区域を土砂災害警戒区域に指定し，市町村地域防災計画に必要な警戒避難体制を定めることができ，さらに，住民に著しい危害が生じるおそれがある区域については，土砂災害特別警戒区域に指定し，一定の開発行為の制限（知事の許可），居室がある建築物の構造規制を行うことができることとなっている。

　土砂災害特別警戒区域に指定されると，特定の開発行為に対する許可制，建築物の構造規制などが行われる。

8.4.3　そ　の　他

8.2.1 項〔3〕で述べたように，水防法により，洪水氾濫時に想定される浸水区域図（浸水想定区域図）を公表する制度が整備されている。水防法は，地域防災計画の中に，浸水想定区域内に関する事項を定めなければならないとし，浸水想定区域図にこれらの事項を記載した印刷物の住民への配布などを市町村長に義務付けている（水防法第 15 条）。市町村は，このような情報を記載した**洪水ハザードマップ**を印刷物の配布やインターネットなどにより，住民の方々に周知している[59]。これは土地利用を規制するものではないが，避難活動などに結び付けることによって，災害予防に重要な役割を果たしている。

　また，法に基づくものではないが，津波や火山の爆発による被害が予想される地域についても，地域防災計画に基づいてハザードマップが作成されているところがあり，万一の場合迅速な避難ができるよう，災害情報の緊急伝達体制の整備や避難計画を立てる努力がなされ，人的被害を最小限に抑える効果をあげている例が見られる。

8.5　防災計画制度，その他

8.5.1　国土強靱化基本法

　東日本大震災を踏まえ災害に強い国土づくりを目指すべく，『国土強靱化基本法』が平成 25（2013）年 12 月に議員立法により制定された。この法律は，大規模自然災害などに備えた国土の全域にわたる強靱な国づくりを推進するものであり，必要な施策は，明確な目標のもと，現状の評価を行うことを通じて策定，国の各種計画に位置付けることとし，**国土強靱化基本計画**はその指針となるものである。

　国が作成する国土強靱化基本計画は，国土強靱化にかかわる都道府県，市町村のほかの計画などの指針となるべきものとして，**国土強靱化地域計画**を定めることができるとしている。

　国土強靱化基本計画が閣議決定されてから，取り組むべき具体的な個別施策などを示した**国土強靱化アクションプラン**（以下「アクションプラン」とい

う）が，国土強靱化推進本部において決定されている。

　地方公共団体については，大半の都道府県で国土強靱化地域計画（以下「地域計画」という）が策定され，残りのすべての県で策定着手の状況にある。また，平成29（2017）年7月1日現在，42市区町村が計画策定済み，39市区町村が策定中であり，国土強靱化の取組みは実行段階になっているといえる[60),61)]。

8.5.2　防災計画制度

〔1〕　防災基本計画

　わが国の防災計画は，国レベルの総合的かつ長期的な計画である防災基本計画と，地方レベルの都道府県および市町村の地域防災計画があり，それぞれのレベルで防災活動が実施されている[62)]。

　防災基本計画は，災害対策基本法（昭和36（1961）年）第34条第1項の規定に基づき，中央防災会議が作成する，政府の防災対策に関する基本的な計画である。防災基本計画は，わが国の災害対策の根幹をなすものであり，災害対策基本法第34条に基づき中央防災会議が作成する防災分野の最上位計画として，防災体制の確立，防災事業の促進，災害復興の迅速適切化，防災に関する科学技術および研究の振興，防災業務計画および地域防災計画において重点を置くべき事項について，基本的な方針を示している。この計画に基づき，指定行政機関および指定公共機関は防災業務計画を，地方公共団体は地域防災計画を作成している。

　防災基本計画は，災害の種類に応じて講ずるべき対策が容易に参照できるような編構成としている。災害予防・事前準備，災害応急対策，災害復旧・復興という災害対策の時間的順序に沿って記述している。国，地方公共団体，住民など，各主体の責務を明確にするとともに，それぞれが行うべき対策をできるだけ具体的に記述している[63)]。

　防災基本計画は，昭和38（1963）年に作成されて以来，昭和46（1971）年に一部修正されたほかは長らく改定されなかったが，平成7（1995）年1月の

阪神・淡路大震災の教訓を踏まえ，平成7年7月に自然災害対策について全面修正を行い，国，公共機関，地方公共団体，事業者などの各主体それぞれの役割を明らかにして，具体的かつ実践的な内容に修正した。それ以降これまで大きな災害などを経験するたびに見直しを行っており，平成29（2017）年4月までに合計19回にわたって修正されている。

平成9（1997）年6月には，事故災害，すなわち海上災害，航空災害，鉄道災害，道路災害，原子力災害，危険物などの災害および大規模な火事災害に対する対策を新たに追加するとともに，自然災害と同様，事故災害類型ごとに，具体的に各防災関係機関が実施すべき措置，施策などについて定められた[1]。

平成11（1999）年9月の茨城県東海村におけるウラン加工工場臨界事故および，これを踏まえて制定された原子力災害対策特別措置法の施行に合わせて，原子力災害対策編の全面修正が平成12（2000）年5月に行われた。

平成17（2005）年7月には，災害への備えを実践する国民運動の展開，地震防災戦略の策定，平成16（2004）年のインド洋津波災害を踏まえた津波防災対策の充実，集中豪雨時などの情報伝達および高齢者などの避難支援の強化など，最近の災害対策の進展を踏まえ，自然災害対策にかかわる各編が修正された。

平成20（2008）年2月，防災基本計画上の重点課題のフォローアップの実施，国民運動の戦略的な展開，企業防災の促進のための条件整備，緊急地震速報の本格導入，新潟県中越沖地震の教訓を踏まえた原子力災害対策強化など，近年発生した災害の状況や中央防災会議における審議などを踏まえ各編が修正された。

平成23（2011）年12月には，東日本大震災を踏まえた地震・津波対策の抜本的強化など津波災害対策編の追加などの修正が行われた。

平成24（2012）年9月には，各編について，災害対策基本法の大震災後第1弾改正，中央防災会議防災対策推進検討会議の最終報告等を踏まえた大規模広域災害への対策の強化を行い，原子力災害対策編について，原子力規制委員会設置法などの制定を踏まえた原子力災害対策の強化を行った。

平成26（2014）年1月には，各編について，災害対策基本法の大震災後第2弾改正，大規模災害からの復興に関する法律の制定などを踏まえた大規模災害への対策の強化を行い，原子力災害対策編について，原子力規制委員会における検討を踏まえた原子力災害への対策強化を行った。

平成26年（2014）11月には，災害対策基本法の改正（放置車両および立ち往生車両対策の強化），平成26年2月豪雪の教訓を踏まえた自然災害対策にかかわる各編について修正を行い，原子力災害対策編について原子力防災体制の充実，強化に伴う修正を行った。

さらに，平成28（2016）年の熊本地震および平成28年の台風第10号災害の教訓などを踏まえて，平成29（2017）年4月各編が修正された[64]。

〔2〕 防災業務計画

防災業務計画は，災害対策基本法（昭和36年法律第223号）第36条第1項の規定に基づき，指定行政機関の長および指定公共機関が，防災基本計画に基づき，その所掌事務に関し作成する防災対策に関する計画である。

内閣府防災業務計画は，内閣府がその所掌事務に関し作成する防災計画である。この中で，『大規模地震対策特別措置法』第6条第1項に基づく（東海地震）地震防災強化計画，および『東南海・南海地震に係る地震防災対策の推進に関する特別措置法』第6条第1項に基づく東南海・南海地震防災対策推進計画，『日本海溝・千島海溝周辺海溝型地震に係る地震防災対策に関する特別措置法』第6条第1項に基づく日本海溝・千島海溝周辺海溝型地震防災対策推進計画を策定している[65]。

国土交通省防災業務計画は，中央省庁再編後の平成14（2002）年5月14日に国土交通省として初めて作成し，これまでに，直近の平成29（2017）年7月の修正を含め10回の修正を行っている。現実の災害に即した構成としており，総則，各災害に共通する対策編，地震災害対策編，津波災害対策編，風水害対策編，火山災害対策編，雪害対策編，海上災害対策編，航空災害対策編，鉄道災害対策編，道路災害対策編，原子力災害対策編，河川水質事故災害対策編，港湾危険物等災害対策編，大規模火事等災害対策編，地域防災計画の作成

の基準の16編からなり，それぞれの災害に対する災害予防，災害応急対策，災害復旧・復興の段階における諸施策を具体的に定めている[66]。

〔3〕　地域防災計画

地域防災計画は，災害対策基本法第40条に基づき，各地方自治体（都道府県や市町村）の長が，それぞれの防災会議に諮り，災害発生時の応急対策や復旧など災害にかかわる事務，業務に関して総合的に定める計画である。

都道府県は，防災基本計画に基づき，防災業務計画に抵触しないように「都道府県地域防災計画を作成」しなければならない（第40条）。さらに，市町村も，防災基本計画に基づき，防災業務計画と都道府県地域防災計画に抵触しないように「市町村地域防災計画を作成」しなければならない（第42条）。

地域防災計画は，全都道府県において作成されており，平成28（2016）年4月1日現在，1 741市町村のすべてにおいて作成されている。これについては毎年検討を加え，必要があると認めるときは修正することとされている[67]。

〔4〕　地区防災計画

平成25（2013）年6月に災害対策基本法が改正され，市町村の一定の地区内の居住者および事業者（地区居住者等）による自発的な防災活動に関する『地区防災計画制度』が創設された。本制度は，市町村の判断で**地区防災計画**を市町村地域防災計画に規定するほか，地区居住者などが，市町村防災会議に対し，市町村地域防災計画に地区防災計画を定めることを提案することができる仕組み（計画提案）を定めている。市町村地域防災計画の中に同計画が規定されることによって，市町村地域防災計画に基づく防災活動と地区防災計画に基づく防災活動とが連携して，共助の強化により地区の防災力を向上させることを目的としている。また，地区居住者などが市町村防災会議に対して計画に関する提案（計画提案）を行うことができることになっており，市町村防災会議には，それに対する応諾義務が課せられている[62]。

〔5〕　企 業 防 災

国の防災基本計画にも，企業防災の推進を位置付けている。**企業防災**には，地震などによる災害被害を最小化する「防災」の観点からアプローチする場合

と，災害時の企業活動の維持または早期回復を目指す「事業継続」の観点からアプローチする場合がある。両者は互いに密接にかかわり合い，共通した要素も多く存在することから，双方ともに推進すべきものでる。

また，主要な企業防災の要素として，生命の安全確保，事業の継続，二次災害の防止および地域貢献の四つがあげられるが，その取組み内容と優先順位は，企業の業種，業態，立地環境などによっておのずと異なる[68]。

〔6〕 BCP

災害などの緊急事態が発生したときに企業，組織が損害を最小限に抑え，事業・業務の継続や復旧を図るための計画を**事業継続計画**あるいは**業務継続計画**（business continuity planning, **BCP**）という。政府に関しては，災害対策基本法に基づく防災基本計画の中で，業務継続計画の策定などにより業務継続体制の確保を図ること，などと定めている。

また，『首都直下地震対策特別措置法（平成 25 (2013) 年）第 5 条において，「政府は，緊急対策推進基本計画を基本として，首都直下地震が発生した場合における国の行政に関する機能のうち中枢的なもの（以下この条において「行政中枢機能」という）の維持に係る緊急対策の実施に関する計画（以下この条において「緊急対策実施計画」という。）を定めなければならない。」としており，『行政中枢機能の維持に係る緊急対策実施計画』として定めた『政府業務継続計画（首都直下地震対策)』において，中央省庁の業務継続計画を作成するものとしている[69]。

〔7〕 防 災 訓 練

消防法により，火事を想定した消防訓練が民間人にも義務付けられているため，企業や学校などで定期的に避難訓練が実施される。しかし，**防災訓練**としてはこのような義務付けはない。

災害対策基本法では，行政が行う防災訓練に，住民その他団体に協力を求めている。災害対策基本法第 7 条 3 項において，地方公共団体の住民に対し「自ら災害に備えるための手段を講ずるとともに，防災訓練その他の自発的な防災活動への参加，過去の災害から得られた教訓の伝承その他の取組みにより防災

に寄与するように努めなければならない」と規定している。

8.5.3　地震関係の個別法

大地震はひとたび起きると甚大な被害となる。このため，大震災を踏まえて議員立法が制定されたり，予想される特定の地震に対する個別の防災法制度が制定されている。

〔1〕　大規模地震対策特別措置法

昭和51（1976）年に日本地震学会で専門家が発表した論文で東海地震が発生する可能性が言及され，それが契機となって，昭和53（1978）年に『大規模地震対策特別措置法』が制定された。第1条に「地震防災対策強化地域の指定，地震観測体制の整備その他地震防災体制の整備に関する事項及び地震防災応急対策その他地震防災に関する事項について特別の措置を定める」としており，この法律は，東海地震を対象として常時観測体制を強化することによって地震発生の前兆現象をとらえること（直前予知）ができることを前提にしている。

「大規模な地震が発生するおそれが特に大きいと認められる地殻内において大規模な地震が発生した場合に著しい地震災害が生ずるおそれがある」として，「対策を強化する必要がある地域を地震防災対策強化地域として指定する（第3条1項）」と規定している。また，地震予知情報の報告を受け，地震防災応急対策を実施する緊急の必要がある場合には，内閣総理大臣が強化地域でのさまざまな社会活動を制約する警戒宣言を発することを定めている（第9条）。さらに，そのために必要となる地震に関する観測および測量の実施の強化（第4条），警戒宣言発令時の対応なども定めている。**地震防災対策強化地域判定会**はこの法律に基づいて設置されているが，科学技術が進展しても正確な予知は難しいのが現状である。

〔2〕　地震防災対策特別措置法

阪神・淡路大震災を契機に，全国的に地震防災対策の強化を図ることを目的にして平成7（1995）年に『地震防災対策特別措置法』が制定された。第1条

において，「地震防災対策の実施に関する目標の設定並びに地震防災緊急事業五箇年計画の作成及びこれに基づく事業に係る国の財政上の特別措置について定めるとともに，地震に関する調査研究の推進のための体制の整備等について定める」としている。この法律に基づいて，文部科学大臣を本部長とする地震調査研究推進本部が設置されており，活断層や海溝型地震の発生可能性の長期評価などが行われている。

〔3〕 東南海・南海地震対策特別措置法

平成 14（2002）年に『東南海・南海地震に係る地震防災対策の推進に関する特別措置法（東南海・南海地震対策特別措置法）』が制定され，地震防災対策推進地域が指定された[70]。第 1 条において「南海トラフ地震防災対策推進地域の指定，南海トラフ地震防災対策推進基本計画等の作成，南海トラフ地震津波避難対策特別強化地域の指定，津波避難対策緊急事業計画の作成及びこれに基づく事業に係る財政上の特別の措置について定めるとともに，地震観測施設等の整備等について定める」ことにより「南海トラフ地震に係る地震防災対策の推進を図る」としている。この法律は予知を前提にしておらず，津波からの防護や避難の計画を立てることが主体となっている。

8.5.4 気象業務法

戦後，気象業務に対する行政ニーズが増大し，昭和 23（1948）年に制定された『消防法』においては，中央気象台長などに対して火災予防のための気象情報の都道府県知事への通知が義務付けられ（現在の消防法第 22 条），昭和 24（1949）年に制定された『水防法』では，洪水，高潮のおそれがある場合に気象状況を都道府県知事，建設大臣へ通知することが義務付けられた（現在の水防法第 10 条第 1 項）。

また，昭和 24（1949）年には全国的な津波警報体制が確立し，昭和 25（1950）年には，現行の『気象庁予報警報規程（昭和 28 年 2 月 20 日運輸省告示第 64 号）』の基礎となる『気象予報規程（運輸省告示第 123 号）』が定められた。これにより，予報区が明確化され，気象予報の種類として，天気予報，

気象特報，気象警報，台風注意報，台風警戒報が規定された。同時に，中央気象台は台風警戒報・注意報を発表，地方は気象警報（暴風雨，暴風雪，大雨，大雪）および気象特報（風雪，強風，大雨，大雪，その他濃霧，高潮，霜など）を発表することが定められ，ほぼ現在の枠組みに近いものができあがった。

　そして，国内外からの多くの要請に応えるため，中央気象台では法整備に向けて準備を進め，『気象業務法（昭和 27 年法律第 165 号）』が制定され，昭和 27（1952）年 6 月 2 日に公布された．さらに，1956（昭和31）年の気象庁の発足により，気象庁について組織も含めて現在の法制度の基本的な枠組みが構築された。

　気象業務法は，気象庁が実施する観測，予報，情報提供などの業務に加えて，気象庁以外の者が行う観測や予報などを併せて総合的に気象業務を規定している。気象業務法は，気象だけでなく，海洋，地震，火山などの自然現象を包括的に規定している。

　気象業務法制定以降のおもな法改正の変遷を見ると，昭和 30（1955）年 7 月の改正により，指定した河川について建設大臣（現在は国土交通大臣）と共同して行う洪水予報が導入された（第 14 条の2）。

　昭和 53（1978）年 12 月の改正では，東海地震にかかわる観測・監視体制が強化された（第 11 条の2）。

　平成 13（2001）年 7 月の改正では，指定した河川について都道府県知事と共同して行う洪水予報が導入された（第 14 条の 2 第 3 項）。

　平成 19（2007）年 12 月の改正では，地震動および火山現象への予報，警報の導入により，緊急地震速報および噴火警戒レベルの予報，警報が導入された（第 2 条，第 3 条，第 13 条，第 15 条，第 18 条）。

　平成 25（2013）年 8 月，市町村の住民への特別警報の周知義務，消防庁への警報の伝達が新たに規定され（第 13 条の 2，第 15 条，第 15 条の2），津波予報業務の許可基準が変更された（第 18 条）[71]。

9 災害対応のための法制度

　本章では，災害が発生する事前，事中，事後の三つの段階のうち，事中の段階である災害に備える法制度として，災害対策基本法における災害応急対策の規定のほか，応急的な救助や保護に関する災害救助法の規定を概説する。また，災害対策基本法のほかに避難指示などについて規定している水防法その他の法制度について述べる。

9.1 避難，救急，救護，および救助の制度

9.1.1 災害対策基本法

　災害応急対策は，災害が発生するおそれが生じたときにそれを防御したり，災害が発生したときにその拡大を防止することを目的として行うものである。『災害対策基本法』は第 50 条において，災害応急対策としてつぎの事項をあげている。

一．警報の発令及び伝達並びに避難の勧告又は指示
二．消防，水防その他の応急措置
三．被災者の救難，救助その他保護
四．災害を受けた児童及び生徒の応急の教育
五．施設及び設備の応急の復旧
六．廃棄物の処理及び清掃，防疫その他の生活環境の保全及び公衆衛生
七．犯罪の予防，交通の規制その他災害地における社会秩序の維持
八．緊急輸送の確保
九．前各号のほか，災害の発生の防御又は拡大の防止のための措置
これらの多くは人命に関係することから迅速かつ的確に行うために強制力を

必要とするものについて，それぞれ根拠規定が設けられている。災害応急対策に関しては住民に最も近い市町村長に責任を委ね，市町村長が，災害応急対策活動について自ら基礎的な権限を行使できるように必要な規定を定めている。

　災害応急対策のうち，災害が発生する直前のおもなものとしては，気象情報（警報）・災害情報などの伝達（発令），避難勧告，避難指示，避難の誘導など，警戒区域の設定，避難所の開設，防災施設の点検，補強など，実働部隊の出動準備などがある。

　災害発生中のおもなものとしては，消防，水防，救急・救助，救難・救護，警備，交通規制，緊急輸送，緊急通信などがある。災害対策基本法は，災害応急対策の実施のための実働機関の出動に関し，市町村長に出動要請権限を認めている。自衛隊の災害派遣要請については，従来都道府県知事が自らの判断において行うこととされていたが（自衛隊法83条），阪神・淡路大震災の際に派遣要請が遅れたことを踏まえ，市町村長が知事に対し派遣要請をするよう求めることが認められるようになった。さらに，知事に対する要求ができないような場合には，市町村長の通知に伴い緊急の必要がある事態と認められるときは知事からの要請を待たずに部隊派遣が可能となった。

　災害発生直後のものとしては，災害発生中の段階でも必要とされた緊急輸送，交通規制などのほか，施設設備の応急復旧，清掃，防疫などの保健衛生の確保，被災者に対する災害救助などがある。これらの多くは，災害救助法に基づいて実施される。

　避難指示などについては，災害対策基本法は，「災害が発生し，又は発生するおそれがある場合において，人の生命又は身体を災害から保護し，その他災害の拡大を防止するため特に必要があると認めるときは，市町村長は，必要と認める地域の居住者等に対し，避難のための立退きを勧告し，及び急を要すると認めるときは，これらの者に対し，避難のための立退きを指示することができる（第60条1項）」と定め，「避難のための立退きを勧告し，又は指示する場合において，必要があると認めるときは，市町村長は，その立退き先として指定緊急避難場所その他の避難場所を指示することができる（第60条第2項）」

としている。避難のための立退きの指示などについては，後述するように水防法，地すべり等防止法などにも規定があるが，これらの規定については，災害の対象が限定されていたり，指示権者が都道府県知事，水防管理者などとされている。また，事前避難のための立退きの勧告について規定がない。そこで災対法において，住民に最も身近な市町村長に災害全般についての避難の勧告または指示の権限を与え（災対法第60条第1項），災害の発生により市町村がその全部または大部分の事務を行うことができなくなったときには都道府県知事がそれを代行し得るとしている（第60条第6項）。

9.1.2　災 害 救 助 法

災害に対する応急的な救助や保護を目的とした法律として，『災害救助法』（昭和22（1947）年）がある。災害救助法の目的は「災害に際して，国が地方公共団体，日本赤十字社その他の団体および国民の協力のもとに，応急的に，必要な救助を行い，被災者の保護と社会の秩序の保全を図ること（第1条）」としている。

救助の内容は，第4条1項において

一．避難所及び応急仮設住宅の供与

二．炊き出しその他による食品の給与及び飲料水の供給

三．被服，寝具その他生活必需品の給与又は貸与

四．医療及び助産

五．被災者の救出

六．被災した住宅の応急修理

七．生業に必要な資金，器具又は資料の給与又は貸与

八．学用品の給与

九．埋　葬

十．前各号に規定するもののほか，政令で定めるもの

とされている。そして，災害救助法施行令第2条により，上記第10号に規定する救助の種類を，つぎのように定めている。

一. 死体の捜索及び処理

二. 災害によって住居又はその周辺に運ばれた土石，竹木等で，日常生活に著しい支障を及ぼしているものの除去

　災害救助法による救助は都道府県知事が行い（第 2 条），市町村長がこれを補助する（第 13 条）。また，日本赤十字社は救助に協力しなければならないと定められている（第 15 条）[1]。

　災害救助法の規定には，「医療及び助産（第 4 条 1 項 4 号）」や「被災者の救出（第 4 条 1 項 5 号）」など人命救助に直結するものがある。消防隊，自衛隊，警察などの人命救助とは別に，地方自治体の担当者は，被災者を救う責務を有する。

　生存の可能性がなくなった後は遺体を捜索し，応急的な埋葬も行わなければならない（4 条 1 項 9 号）[1]。

9.1.3　水防法，地すべり等防止法など

　災害対策基本法のほかに，水防法（昭和 24（1949）年）第 29 条前段に「洪水，雨水出水，津波又は高潮によって氾濫による著しい危険が切迫していると認められるときは，都道府県知事，その命を受けた都道府県の職員又は水防管理者は，必要と認める区域の居住者，滞在者その他の者に対し，避難のため立ち退くべきことを指示することができる」としており，地すべり等防止法（昭和 33 年）第 25 条前段に「都道府県知事又はその命じた職員は，地すべりにより著しい危険が切迫していると認められるときは，必要と認める区域内の居住者に対し避難のために立ち退くべきことを指示することができる」としている。

　また，警察官職務執行法（昭和 23（1948）年）第 4 条第 1 項には「警察官は，人の生命若しくは身体に危険を及ぼし，又は財産に重大な損害を及ぼす虞のある天災，事変，工作物の損壊，交通事故，危険物の爆発，狂犬，奔馬の類等の出現，極端な雑踏等危険な事態がある場合においては，その場に居合わせた者，その事物の管理者その他関係者に必要な警告を発し，及び特に急を要する場合においては，危害を受ける虞のある者に対し，その場の危害を避けしめ

るために必要な限度でこれを引き留め，若しくは避難させ，又はその場に居合わせた者，その事物の管理者その他関係者に対し，危害防止のため通常必要と認められる措置をとることを命じ，又は自らその措置をとることができる」と規定している[1]。

9.2 応急仮設住宅

　災害救助法は，非常災害に際して，応急的に必要な救助を行い，被災者の保護の徹底と社会の秩序の保全を図ることを目的としている。災害のため住家が滅失した被災者は，応急的に避難所に避難することとなるが，避難所が，災害直後における混乱時に避難しなければならない者を，一時的に受け入れるためのものであるから，その期間も短期間に限定されるので，これら住家が滅失した被災者のうち，自らの資力では住宅を確保することができない者に対し，応急仮設住宅により，一時的な居住の安定を図るものである。

　応急仮設住宅は，災害救助法第4条1項1号に規定されており，災害で家を失った被災者に仮の住まいとして提供されるものであり，個人が負担すべき維持管理経費，自治会などが徴収する共益費などを除き，無償で提供されるのが通例である。

　建築基準法は，仮設住宅について建築基準法令の規定を適用しないとするかわりに，使用は2年以内という制限を設けている。しかし，大規模災害では2年で仮設住宅を撤収することが困難なことがある。このため，『特定非常災害の被害者の権利利益の保全等を図るための特別措置に関する法律』（平成8（1996）年）により仮設住宅の期間の延長について，1年ごとの更新を認めている。

　平成25（2013）年内閣府告示の『災害救助法による救助の程度，方法及び期間並びに実費弁償の基準』によると，1戸当りの規模は，29.7 m^2 を標準とし，その設置のため支出できる費用は，2 401 000円以内としている。また，応急仮設住宅の設置に代えて，賃貸住宅の居室の借上げを利用することができるとしている[2]。

10 災害の復旧，復興のための法制度

本章では，災害が発生する事前，事中，事後の三つの段階のうち，事後の段階である災害の復旧，復興のための法制度として，災害対策基本法における災害復旧の規定のほか，災害復旧国庫負担に関する法制度および災害復興のための法制度について述べる。

10.1　災害対策基本法における災害復旧

災害復旧という言葉は，被災前のもとの状況に戻すことを指して用いられることが多く，災害復興は，被災地・被災者などの将来のあるべき姿を実現することを指す場合が多い。

『災害対策基本法』の6章「災害復旧」としては，第87条から第90条までの4箇条がおかれているだけである。第87条は，災害復旧の実施責任を定めており，第88条は，災害復旧事業費の迅速な決定，第89条は，中央防災会議への報告，第90条は，地方交付税の早期交付，負担金・補助金の早期交付，災害復旧事業にかかわる国の負担金もしくは補助金の早期交付について規定しいているのみである。

被災した地方公共団体に一時的に生じる地方財政上の問題に対しては，地方財政法に基づき地方債の発行が認められており，また地方交付税法に基づき普通交付税についての特別な措置，特別交付税の交付が認められる[1]。

個人の生活再建に関しては，従来低利融資と税の軽減措置が中心に行われてきたが，阪神・淡路大震災を契機に，直接給付を行う被災者生活再建支援金制度が整備された。『被災者生活再建支援法』は，平成10（1998）年4月に議員立法により制定された。

　この法律は，自然災害によりその生活基盤に著しい被害を受けた者に対し，都道府県が相互扶助の観点から拠出した基金を活用して被災者生活再建支援金を支給することにより，その生活の再建を支援し，もって住民の生活の安定と被災地のすみやかな復興に資することを目的としている。

　自然災害により住家が全壊した世帯に対し，生活必需品や引越し費用として最高 100 万円の支給がなされる。また，2004 年 3 月には法の一部が改正され，被災家屋のガレキ撤去費用や住宅ローン利子などとして最高 200 万円が支給される[2]。

　また，住居を失った被災者に対しては，再建のための低利融資制度が整備されており，低所得の被災者には，公営住宅の供与などが行われる。

　被災者が死亡した場合や重度の障害を受けた場合には，被災者またはその遺族に対して**災害弔慰金**，**災害障害見舞金**を給付する制度がある[1]。

10.2　災害復旧国庫負担に関する法制度

　災害復旧には，相当な費用を要するため，地方自治体に対する支援が必要であり，国庫補助を定める法律が必要である。『農林水産業施設災害復旧事業費国庫補助の暫定措置に関する法律』（昭和 25（1950）年），『公共土木施設災害復旧事業費国庫負担法』（昭和 26（1951）年），『公立学校施設災害復旧費国庫負担法』（昭和 28（1953）年）などがあり，災害時の国庫負担率（補助率）は，それぞれの法律で定められている。

　さらに，特定の大災害を**激甚災害**に指定し，国庫負担率（補助率）をかさ上げするために『激甚災害に対処するための特別の財政援助等に関する法律』（激甚法）が昭和 37（1962）年に制定された。

　風水害や地震災害などの自然災害が多発し，そのたびに公共施設などに甚大な被害をもたらしてきたわが国においては，災害復旧に関して，明治期より各種の国庫補助などの措置がなされてきた。戦後，米国コロンビア大学のシャウプなどの使節団が行った租税制度に関する勧告（昭和 24（1949）年）により，公共施設の災害復旧は全額国庫負担とすべき性質のものとされ，取りあえず昭

和 25 年度に限り特例法が制定されたが，その後，全額国庫負担では行政の責任主体と経費を負担する主体が分離するとの問題点も指摘された。その結果，地方公共団体の財政力に応じた負担割合とする『公共土木施設災害復旧事業費国庫負担法』（昭和 26（1951）年。以下，本章において「負担法」という）やその他の災害復旧制度が創設された。

　これらの国の負担・補助の率は，一般的に，新設，改良の場合と比べて高率となっているほか，事業費のうち，国庫負担金などを除いた地方公共団体の負担部分について，原則としてその相当部分に起債の充当が認められるなど地方公共団体などの負担の軽減が図られている。

　災害対策基本法（昭和 36（1961）年）において，激甚災害への対応については別に法律で定めることとされたことを受けて，翌昭和 37（1962）年に『激甚災害に対処するための特別の財政援助等に関する法律』（激甚法）が制定された。

　激甚法第 2 条では，「国民経済に著しい影響を及ぼし，かつ，当該災害による地方財政の負担を緩和し，又は被災者に対する特別の助成を行なうことが特に必要と認められる災害が発生した場合には」，あらかじめ中央防災会議の意見を聴いたうえで，「当該災害を激甚災害として政令で指定」し，併せて「当該激甚災害に対して適用すべき措置を当該政令で指定しなければならない」旨規定されている。

10.3　災害復興のための法制度

　災害復興については，法制度が十分に整備されておらず，災害対策基本法において**災害復興**という文言が使用されているのは，災害対策の基本理念として，第 2 条の 2 第 6 号において「災害が発生したときは，速やかに，施設の復旧及び被災者の援護を図り，災害からの復興を図ること」としているが，具体的な規定はない。

　まちづくりに関する法制度としては，『土地区画整理法』（昭和 29（1954）年），『建築基準法』，『都市計画法』（昭和 41（1966）年），『都市再開発法』（昭

和44（1969）年）などがあるが，これらの制度は，平時の仕組みである。そのため，災害後の復興まちづくりにあたっては適応しにくい面も多い。

10.3.1 被災市街地復興特措法

阪神・淡路大震災の後，『被災市街地復興特別措置法』（市街地復興特措法，平成9（1997）年）が緊急立法された。これは，法制度に「復興のための仕組み」が欠けていたことから，当時の政府が急いで準備したものである。具体的には，区画整理事業や市街地再開発事業の特例などを設けている。

この法律に基づき，市町村が**被災市街地復興推進地域**を指定すると，地域内で行う区画整理事業の特例により，共同住宅や公営住宅が建てやすくなり，災害で住まいを失った被災者の住宅確保の途を拡げることができる。

10.3.2 津波防災地域づくり法

東日本大震災の教訓から『津波防災地域づくりに関する法律』（平成23（2011）年）が新たに成立した。東日本大震災の被災地に限らず全国に適用される一般法という位置付けである。

従来の津波対策は，海岸堤防の整備などハード面の対策に片寄っていた。そこで，ハザードマップの作成，迅速な避難，情報伝達などのソフト面の対策も組み合わせた多重防御の発想に基づいて津波防災まちづくりを推進する内容となっている。

具体的には，国が定める基本指針に基づいて，都道府県知事が津波浸水想定（津波による浸水のおそれがある区域と，浸水した場合に想定される水深）を設定し，市町村がこれを踏まえてまちづくり推進計画を作成し，その計画に基づいて津波防災のまちづくりを進める。計画の中で，津波災害警戒区域や津波災害特別警戒区域を定めて，条例で建築制限なども行うことができる。

10.3.3 東日本大震災復興特区法

東日本大震災の復興法制の目玉となるのが『東日本大震災復興特別区域法』

（復興特区法，平成 23（2011）年）である。復興まちづくりのための特別措置
の集大成ともいえる大きな法律である。

　この法律により指定された被災地の自治体は，復興特区法に基づく事業計画
を立て，内閣総理大臣の認定を受けて，事業を進める。この事業は三本の柱に
分かれている。**復興推進計画**に基づく事業，**復興整備計画**に基づく事業，**復興
交付金**による事業である。

10.3.4　復　興　基　金

　1990 年代以降の自然災害が相次ぐ時期に入るまでは，暮らしの復興に役立
つ法制度は，ほぼ皆無だった。そこで，その穴を**復興基金**という仕組みを使っ
て対処してきた。

　復興基金の仕組みが考案されたのは，1991 年の雲仙普賢岳噴火災害のとき
である。

　長崎県は，義援金と地方交付税で措置された，県費などを財源とする 1090
億円で『雲仙岳災害対策基金』を設置し，人々の生活のための支援を行った。
具体的には，住宅の再建，家賃，生活費・雑費，医療費の補助，さらに，被災
農家の営農用ハウスの賃料や畜舎再建費用の助成，借入金の利子補給など，非
常に広範囲にわたる行き届いたものだった。

　これを先例に，奥尻島の津波災害，阪神・淡路大震災，新潟県中越地震と，
相次ぐ大災害後に復興基金の仕組みが活用されてきた。

引用・参考文献

第 I 部　自然災害の発生と対策

【1章　近年の自然災害】

1) 防災科学技術研究所自然災害情報室：防災基礎講座 災害はどこでどのように起きているか，11. 大陸棚が広大な湾岸デルタでは大きな高潮が発生する
http://dil.bosai.go.jp/workshop/02kouza_jirei/s11bangla/bangladesh.htm[†1]

2) 内閣府：平成 27 年防災白書 図表 1，1970 年以降の世界における自然災害による人的被害の推移
http://www.bousai.go.jp/kaigirep/hakusho/h27/zuhyo/zuhyo00_01_00.html

3) INSURANCE INFORMATION INSTITUTE：Catastrophes：Global, 2016 NATURAL CATASTROPHES
http://www.iii.org/fact-statistic/catastrophes-global

4) 内閣府：防災情報のページ，コラム バングラデシュ・サイクロン被害に見る災害予防の重要性（アジア防災センター調査より）
http://www.bousai.go.jp/kaigirep/hakusho/h20/bousai2008/html/column/clm_1b_4s_1_02.htm

5) 科学技術振興機構：ScinencePortal China 中国の地震防災の現状と展望（2008 年 12 月）
http://www.spc.jst.go.jp/hottopics/0901earthquake/r0901_he.html

6) 矢守克也：災害年報，中国・四川大地震，Disaster reduction management 減災，**4**[†2]，人と防災未来センター
http://www.dri.ne.jp/wordpress/wp-content/uploads/gensai4_nenpou_sisen.pdf

7) 河田惠昭：スマトラ沖地震津波被害，京都大学防災研究所年報，第 48 号 A（平成 17 年 4 月）

8) A.Wirtz, W. Kron, P. Löw, and M. Steuer：The need for data：natural disasters and the challenges of database management, Natural Hazards, **70**, 1, pp.135〜157

---

†1　本書に記載する URL は，編集当時（2017 年 12 月）のものであり，変更される場合がある。
†2　論文誌の巻番号は太字，号番号は細字で表記する。

https://link.springer.com/article/10.1007/s11069-012-0312-4

9) 内閣府：平成 29 年版防災白書 附属資料 6 我が国における昭和 20 年以降のおもな自然災害の状況，附属資料 9 自然災害における死者・行方不明者内訳
　　http://www.bousai.go.jp/kaigirep/hakusho/h29/honbun/index.html

10) 内閣府：平成 26 年版防災白書 附属資料 1 世界の災害に比較する日本の災害被害
　　http://www.bousai.go.jp/kaigirep/hakusho/pdf/H26_fuzokushiryou.pdf

11) 内閣府：平成 29 年版防災白書 附属資料 8
　　http://www.bousai.go.jp/kaigirep/hakusho/h29/honbun/3b_6s_08_00.html

12) アシトチエ・プレス：新版 自然災害ハンドブック，山と渓谷社，pp.16, 22, 104, 108〜110 (2011)

13) 防災科学技術研究所：地震の基礎知識とその観測，5 章 海溝型地震と津波
　　http://www.hinet.bosai.go.jp/about_earthquake/part1.html

14) 防災科学技術研究所：地震の基礎知識とその観測，7.3 地震の周期性と活動期・静穏期
　　http://www.hinet.bosai.go.jp/about_earthquake/part1.html

15) 気象庁ホームページ：日本の年平均気温
　　http://www.data.jma.go.jp/cpdinfo/temp/an_jpn.html

16) 気象庁ホームページ：海面水温の長期変化傾向（日本近海）
　　http://www.data.jma.go.jp/gmd/kaiyou/data/shindan/a_1/japan_warm/japan_warm.html

17) 気象庁ホームページ：日本の年降水量
　　http://www.data.jma.go.jp/cpdinfo/temp/an_jpn_r.html

18) 環境省・気象庁：パンフレット「21 世紀末における日本の気候」，21 世紀における日本の気候予測結果，p.14
　　http://www.env.go.jp/earth/ondanka/pamph_tekiou/2015/jpnclim_ch2.pdf

19) 気象庁ホームページ：地球温暖化予測情報，第 8 巻 (2013)
　　http://www.data.jma.go.jp/cpdinfo/gw_portal/future_climate_change.html#yosoku_jpn_1

20) 気象庁ホームページ：地球温暖化予測情報，第 9 巻 (2017)
　　http://www.data.jma.go.jp/cpdinfo/GWP/index.html

【2 章　地震と津波の災害】

1) 地震調査研究推進本部：地震がわかる！（平成 26 年 2 月）
　　http://www.jishin.go.jp/main/pamphlet/wakaru_shiryo2/wakaru_shiryo2.pdf

2) 気象庁ホームページ：知識・解説

　http://www.jma.go.jp/jma/menu/menuknowledge.html
3）福岡管区気象台ホームページ：地震はなぜ起こるのか
　http://www.jma-net.go.jp/fukuoka/jikazan/hanashi/naze.html
4）気象庁ホームページ：地震発生の仕組み ＞ 地震の起こる場所 – プレート境界と
　プレート内 –
　http://www.data.jma.go.jp/svd/eqev/data/jishin/about_eq.html
5）USGS：USGS Earthquake Hazards Program, Earthquake Lists, Maps, and
　Statistics
　https://earthquake.usgs.gov/earthquakes/browse/
6）防災科学技術研究所：地震ハザードステーションホームページ，海溝型地震と活
　断層型地震
　http://www.j-shis.bosai.go.jp/subduction-zone-eq-and-active-flts-eq
7）地震調査研究推進本部：活断層の地震に備える －陸域の浅い地震－（平成 29 年
　2 月）
　http://www.static.jishin.go.jp/resource/pamphret/katsudanso_sonaeru_zenkoku.
　pdf
8）地震調査研究推進本部：地震の発生メカニズムを探る，1. 地震はどこでどのよう
　にして起こるか（2004 年 3 月）
　http://www.jishin.go.jp/main/pamphlet/eq_mech/eq_mecha1.pdf
9）USGS：USGS Earthquake Hazards Program, Measuring the Size of an
　Earthquake
　https://earthquake.usgs.gov/learn/topics/measure.php
10）気象庁：報道発表資料，気象庁マグニチュード算出方法の改訂について（平成
　15 年 9 月 17 日）
　http://www.jma.go.jp/jma/press/0309/17a/m.pdf
11）気象庁：気象業務はいま 2012，特集 2 津波警報改善に向けた取り組み，p.42
　http://www.jma.go.jp/jma/kishou/books/hakusho/2012/HN2012sp2.pdf
12）測定方法ナビホームページ：
　http://www.sokuteihouhou.com/expression/magnitude.html
13）朝日新聞 DIGITAL のホームページ：振り切れない地震計導入へ 気象庁，強く
　長い周期に対応（2011 年 10 月 22 日 18 時 59 分）
　http://www.asahi.com/special/10005/TKY201110210225.html
14）USGS：USGS Earthquake Hazards Program, Earthquake Facts & Earthquake
　Fantasy
　https://earthquake.usgs.gov/learn/topics/megaqk_facts_fantasy.php
15）ファンタジー 米子（西伯耆）・山陰の古代史ホームページ：地震と地震学

http://houki.yonago-kodaisi.com/F-geo-jisingaku.html

16) 防災科学技術研究所：地震観測網ポータル　解説ページ　地震の基礎知識とその観測（2017 年 6 月最終改訂），第 1 部　地震の基礎知識
http://www.hinet.bosai.go.jp/about_earthquake/part1.html

17) 気象庁ホームページ：各種データ・資料
http://www.jma.go.jp/jma/menu/menureport.html

18) 株式会社環境技術研究所開発センター：EEL NEWS［特別版　水理シリーズ］水理学第 14 回（2008 年 10 月 2 日）
http://spokon.net/eelnews/hydraulics/014s.htm

19) USGS：USGS Earthquake Hazards Program, 20 Largest Earthquakes in the World
https://earthquake.usgs.gov/earthquakes/browse/largest-world.php

20) 気象庁ホームページ：知識・解説　よくある質問集　地震について
http://www.jma.go.jp/jma/kishou/know/faq/faq7.html#9

21) 防災科学技術研究所：防災基礎講座　地域特性編　Ⅲ　地体構造と地震・火山災害
http://dil.bosai.go.jp/workshop/05kouza_chiiki/03jishin/earth.html#33

22) 国立天文台：理科年表（平成 23 年版），地学　世界のおもな大地震・被害地震年代表，地 176（748），丸善
http://pub.maruzen.co.jp/index/kokai/rikanenpyo/chi176.pdf

23) ファンタジー　米子（西伯耆）・山陰の古代史ホームページ：古代の地震と異常気象 － 1
http://houki.yonago-kodaisi.com/F-geo-jisin-kodai.html

24) 防災システム研究所ホームページ：東海道，南海道の地震
http://bo-sai.co.jp/tounankai1.htm

25) 民族学伝承ひろいあげ辞典のホームページ：地震の歴史と地震考古学 2
https://blogs.yahoo.co.jp/kawakatu_1205/53621166.html

26) ファンタジー　米子（西伯耆）・山陰の古代史ホームページ：平安時代の地震と異常気象 － 1
http://houki.yonago-kodaisi.com/F-geo-jisin-heian1.html

27) 静岡大学防災総合センター：防災関連アーカイブ 3. 貞観噴火と宝永噴火
http://sakuya.ed.shizuoka.ac.jp/sbosai/fuji/wakaru/003.html

28) 広域的な火山防災対策に係る検討会：大規模火山災害対策への提言，参考資料（平成 25 年 5 月 16 日），p.2
http://www.bousai.go.jp/kazan/kouikibousai/pdf/20130516_teigen_sanko.pdf

29) 地震調査研究推進本部：南海トラフの地震活動の長期評価（第二版）について（平成 25 年 5 月 24 日公表），主文，p.13 の説明文

http://www.jishin.go.jp/main/chousa/13may_nankai/index.htm

30) 寒川 旭：地震考古学から見た南海トラフの巨大地震，GSJ 地質ニュース，**2**，7，(2013)

https://www.gsj.jp/data/gcn/gsj_cn_vol2.no7_205-207.pdf

31) 四国災害アーカイブスのホームページ：高知県 > 須崎市 > 地震・津波

https://www.shikoku-saigai.com/archives/3186

32) 神奈川県ホームページ：「津波浸水予測図」明応型地震（2016 年 4 月 1 日）

http://www.pref.kanagawa.jp/cnt/f360944/p393023.html

33) NHK そなえる防災ホームページ，都司嘉宣：東海地方を襲った「千年震災」～ 明応東海地震の津波 ～

http://www.nhk.or.jp/sonae/column/20130106.html

34) 蝦名裕一：慶長年間の連続地震と歴史的な研究課題（平成 28 年 4 月 19 日），熊本地震 IRIDeS 調査報告会，東北大学災害科学国際研究所

http://irides.tohoku.ac.jp/media/files/earthquake/eq/20160419_kumamotoeq_ebina.pdf

35) 石井一郎 編著：防災工学（第 2 版），pp.21, 23, 24，森北出版（2005）

36) 地震調査研究推進本部：都道府県ごとの地震活動

http://www.jishin.go.jp/regional_seismicity/

37) 日本経済新聞：慶長三陸津波は M9 地震か（2017 年 5 月 24 日 13:58）

https://www.nikkei.com/article/DGXLZO16783270U7A520C1CR0000/

38) 安藤亮輔，宍倉正展，横山祐典：元禄型関東地震の再来間隔，最短 2000 年ではなく 500 年（2017/05/11）

http://www.s.u-tokyo.ac.jp/ja/info/5369/

39) 地震調査研究推進本部：都道府県ごとの地震活動 > 海溝で起こる地震 > 相模トラフ

http://www.jishin.go.jp/regional_seismicity/rs_kaiko/k_sagami/

40) 琉球大学理学部物質地球科学科 中村 衛（地震学）研究室ホームページ：1771 年八重山地震津波（明和の大津波）八重山地震津波の遡上高・被害

http://seis.sci.u-ryukyu.ac.jp/hazard/EQ/1771yaeyama/tsunami.htm

41) 防災システム研究所ホームページ：1771 年・八重山地震・明和の大津波

http://www.bo-sai.co.jp/yaeyamajisintsunami.html

42) 防災システム研究所ホームページ：安政東海地震

http://bo-sai.co.jp/anseitoukai.htm

43) 中央防災会議『災害教訓の継承に関する専門調査会』編：災害史に学ぶ 内陸直下型地震編，pp.19, 29〜35, 39, 40, 49〜58, 内閣府（防災担当）災害予防担当（2011）

http://www.bousai.go.jp/kyoiku/kyokun/kyoukunnokeishou/pdf/saigaishi_

nairikujishin.pdf

44) 地震調査研究推進本部：日本の地震活動 4.東北地方の地震活動の特徴，pp.87，90

http://www.jishin.go.jp/main/nihonjishin/2010/tohoku.pdf

45) 中央防災会議『災害教訓の継承に関する専門調査会』編：災害史に学ぶ 海溝型地震・津波編，pp.8, 9, 11, 12, 19～21, 29, 62, 63, 71, 74，内閣府（防災担当）災害予防担当（2011）

http://www.bousai.go.jp/kyoiku/kyokun/kyoukunnokeishou/pdf/saigaishi_kaikoujishin_tsunami.pdf

46) 地震調査研究推進本部：日本の地震活動 5.関東地方の地震活動の特徴，pp.150，156, 157

http://www.jishin.go.jp/main/nihonjishin/2010/kanto.pdf

47) 地震調査研究推進本部：日本の地震活動 8.中国・四国地方の地震活動の特徴，p.355

http://www.jishin.go.jp/main/nihonjishin/2010/chugoku-shikoku.pdf

48) 地震調査研究推進本部：日本の地震活動 6.中部地方の地震活動の特徴，pp.214，220

http://www.jishin.go.jp/main/nihonjishin/2010/chubu.pdf

49) 地震調査研究推進本部：日本の地震活動 改訂版ドラフト 7.近畿地方の地震活動の特徴 pp.8, 9

http://jishin.go.jp/main/nihonjishin201/Kinki2014v201.pdf

50) 防災システム研究所ホームページ：阪神・淡路大震災（平成7年兵庫県南部地震）
http://bo-sai.co.jp/sub6.html

51) 平成23年（2011年）東北地方太平洋沖地震（東日本大震災）について 平成29年3月8日 14:00）緊急災害対策本部，p.1

http://www.bousai.go.jp/2011daishinsai/pdf/torimatome20170308.pdf

52) 内閣府ホームページ：地域の経済2011 ＞ 第2章 ＞ 第1節 ＞ 1.震災を巡る動き
http://www5.cao.go.jp/j-j/cr/cr11/chr11020101.html

53) 気象庁：平成23年（2011年）東北地方太平洋沖地震の概要，気象庁技術報告，第133号，p.5（2012）

http://www.jma.go.jp/jma/kishou/books/gizyutu/133/ABSTJ.pdf

54) 消防庁災害対策本部：平成23年（2011年）東北地方太平洋沖地震（東日本大震災）について（第155報）（平成29年3月8日 14:00）

http://www.fdma.go.jp/bn/higaihou/pdf/jishin/155.pdf

55) 平成23年（2011年）東北地方太平洋沖地震（東日本大震災）について（平成29年3月8日 14:00）緊急災害対策本部，p.42

http://www.bousai.go.jp/2011daishinsai/pdf/torimatome20170308.pdf

56) 世界銀行：大規模災害から学ぶ 東日本大震災からの教訓
　http://siteresources.worldbank.org/JAPANINJAPANEESEEXT/Resources/
　515497-1349161964494/8871207-1374046990667/knowledge-notes-brochure-jp.pdf

57) 地震調査研究推進本部 地震調査委員会：平成 28 年（2016 年）熊本地震の評価（平
　成 28 年 5 月 13 日）
　http://www.static.jishin.go.jp/resource/monthly/2016/2016_kumamoto_3.pdf

58) 内閣府：平成 29 年版 防災白書，本文 p.2

59) 総務省消防庁：平成 28 年版消防白書 特集 1 熊本地震の被害と対応
　https://www.fdma.go.jp/html/hakusho/h28/h28/pdf/special1.pdf

60) 消防庁応急対策室：熊本県熊本地方を震源とする地震（第 104 報）（平成 29 年 7
　月 14 日 11:00）
　http://www.fdma.go.jp/bn/【第 104 報】熊本県熊本地方を震源とする地震 .pdf

61) 矢代晴実 編著：大規模災害概論，pp.76, 77, 80, 149, 150，コロナ社（2014）

62) 防災科学技術研究所：地震ハザードステーション > Pick Up 全国地震動予測地
　図とは
　http://www.j-shis.bosai.go.jp/shm

63) 防災科学技術研究所：地震ハザードステーション > Pick Up プロジェクト全体
　の説明
　http://www.j-shis.bosai.go.jp/project#more-617

64) 中込 淳（内閣府（防災担当）企画官）：資料 1 南海トラフ巨大地震被害想定と
　対策，スライド 2（平成 26 年 9 月 24 日）
　http://www.jsnds.org/annual_conference/20140924/nakagome-1.pdf

65) 地震調査研究推進本部ホームページ：南海トラフで発生する地震，過去の地震
　の発生状況
　http://www.jishin.go.jp/main/yosokuchizu/kaiko/k_nankai.htm

66) 内閣府防災情報のページ：南海トラフ巨大地震対策検討ワーキンググループ
　http://www.bousai.go.jp/jishin/nankai/nankaitrough_info.html

67) 内閣府防災情報のページ：報道発表資料一式（平成 24 年 8 月 29 日発表）資料 1
　－ 2 都府県別・市町村別ケース別 最大津波高
　http://www.bousai.go.jp/jishin/nankai/taisaku/pdf/1_2.pdf

68) 内閣府（防災担当）：報道発表資料：南海トラフの巨大地震による津波高・浸水
　域等（第二次報告）及び被害想定（第一次報告）について（平成 24 年 8 月 29 日）
　http://www.bousai.go.jp/jishin/nankai/taisaku_wg/pdf/shiryo.pdf

69) 内閣府防災情報のページ：首都直下地震対策，過去の首都直下地震対策につい
　て
　http://www.bousai.go.jp/jishin/syuto/past2/past.html

70）東京都防災ホームページ：首都直下地震による東京の被害想定報告書
http://www.bousai.metro.tokyo.jp/taisaku/1000902/1000422.html

71）NHK そなえる防災ホームページ，平田　直：第 6 回　首都圏の地震活動
http://www.nhk.or.jp/sonae/column/20130901.html

72）内閣府防災情報のページ：首都直下地震モデル検討会，首都の M7 クラスの地震
及び相模トラフ沿いの M8 クラスの地震等の震源断層モデルと震度分布・津波高等
に関する報告書，p.4，図表集，p.119 表 15
http://www.bousai.go.jp/kaigirep/chuobou/senmon/shutochokkajishinmodel/
index.html

73）内閣府防災情報のページ：首都直下地震対策検討ワーキンググループ，首都直
下地震対策検討ワーキンググループ最終報告の概要，首都直下地震の被害想定と
対策について（最終報告），pp.12, 13，別添資料 3〜 経済的な被害の様相 〜
http://www.bousai.go.jp/jishin/syuto/taisaku_wg/index.html

【3 章　火山噴火 】

1）気象庁ホームページ：活火山とは
http://www.data.jma.go.jp/svd/vois/data/tokyo/STOCK/kaisetsu/katsukazan_
toha/katsukazan_toha.html#kanshikazan

2）産業技術総合研究所地質調査総合センター：日本の活火山，活火山の定義と数の
変遷
https://gbank.gsj.jp/volcano/Act_Vol/defact.html

3）気象庁：報道発表資料，火山噴火予知連絡会による新たな活火山の選定について（平
成 29 年 6 月 20 日）
http://www.jma.go.jp/jma/press/1706/20c/new-volcano170620-1.pdf

4）気象庁ホームページ：火山噴火の仕組み
http://www.jma.go.jp/jma/kishou/know/whitep/2-4.html

5）岐阜地方気象台：e−気象台トップページ ＞ お天気教室 ＞ 地しん・火山 ＞ 火山
と噴火（ふんか）
http://gakuen.gifu-net.ed.jp/kishou/jisin/jishinkazan/kazanfunka.htm

6）国立科学博物館ホームページ：火山噴火のメカニズム
http://www.kahaku.go.jp/userguide/hotnews/theme.php?id=
0001220339146568&p=3

7）内閣府防災情報のページ：1 火山活動にともなう現象
http://www.bousai.go.jp/kazan/taisaku/k201.htm

8）Hazard lab ホームページ：防災用語集　火山爆発指数(VEI)とは，噴火マグニチュー
ドとは

https://www.hazardlab.jp/know/glossary/

9）早川由紀夫ホームページ：5章 噴火の大きさを測る
http://www.hayakawayukio.jp/volcanology/c5.html

10）前野 深：カルデラとは何か：鬼界大噴火を例に，特集日本をおそった巨大噴火，科学，**84**，1，pp.58, 59, 62（2014）
http://www.eri.u-tokyo.ac.jp/people/fmaeno/Kagaku_201401_Maeno.pdf

11）USGS ホ ー ム ペ ー ジ：USGS Volcano Hazards Program, Questions About Supervolcanoes, Questions About Yellowstone Volcanic History
https://volcanoes.usgs.gov/volcanoes/yellowstone/faqs_facts.html

12）ネクストライブラリ株式会社：NAVER まとめ
https://matome.naver.jp/odai/2139936958335678701

13）るいネット：宇宙・地球 > 312977 シベリアトラップ説
http://www.rui.jp/ruinet.html?i=200&c=400&t=6&k=2&m=312977

14）地球の記録 アース・カタストロフ・レビュー：世界最大の超巨大火山跡であるインドネシアのトバ湖で前代未聞の魚の大量死
http://earthreview.net/1500-ton-fish-die-off-in-toba-lake-indonesia/

15）WIRED NEWS（2010.04.22 THU 23：00），巨大噴火：そのメカニズムと「生物絶滅」
https://wired.jp/2010/04/22/巨大噴火：そのメカニズムと「生物絶滅」/

16）江川 直，川上紳一：宇宙から見た地球 > 衛星写真集 > 火山 > タンボラ山
http://chigaku.ed.gifu-u.ac.jp/chigakuhp/html/kyo/DEM/efs/sat/tambora.html

17）朝日新聞 DIGITAL The Asahi Shimbun GLOBE ホームページ：［Part1］「火山の冬」が変えた世界史／タンボラ山
http://globe.asahi.com/feature/article/2015080600005.html

18）早川由紀夫ホームページ：シラバス > 火山学 > 11. 噴火に備える（長期予知）
http://www.hayakawayukio.jp/edu/syllabus/kazan/11long.pdf

19）下司信夫，鬼澤真也：インドネシア・クラカタウ火山の近況，産業技術総合研究所地質調査総合センター
https://www.gsj.jp/data/chishitsunews/07_03_01.pdf

20）防災情報ナビ：世界の火山噴火年表
http://www.ifinance.ne.jp/bousai/disaster/volcano_world.html

21）内閣府防災情報のページ：「広域的な火山防災対策に係る検討会」（第1回）大規模火山災害とは，資料2，スライド7，pp.12〜14
http://www.bousai.go.jp/kazan/kouikibousai/pdf/20120803siryo2.pdf

22）JICA ODA 見える化サイト：ピナツボ火山災害緊急復旧事業
https://www.jica.go.jp/oda/project/PH-P166/index.html

23) USGS ホ ー ム ペ ー ジ：USGS Volcano Disaster Assistance Program, VDAP Pinatubo Images,
https://volcanoes.usgs.gov/vdap/pinatubo.html

24) NHK そなえる防災ホームページ，藤井敏嗣：第 5 回 カルデラ噴火！生き延びるすべはあるか？
http://www.nhk.or.jp/sonae/column/20130314.html

25) 早川由紀夫ホームページ：現代都市を脅かすカルデラ破局噴火のリスク評価
http://www.hayakawayukio.jp/bosai/hakyoku/hakyoku.htm

26) 中央防災会議『災害教訓の継承に関する専門調査会』編：災害史に学ぶ 火山編
pp.1, 15, 16, 23, 34, 37, 38, 47, 60，内閣府（防災担当）災害予防担当（2011）
http://www.bousai.go.jp/kyoiku/kyokun/kyoukunnokeishou/pdf/saigaishi_kazan.pdf

27) 内閣府：過去の災害に学ぶ（第 11 回）宝永 4 年（1704 年）富士山噴火，広報 ぼうさい，No.37，pp.18, 19（2007）
http://www.bousai.go.jp/kyoiku/kyokun/kyoukunnokeishou/pdf/kouhou037_18-19.pdf

28) 気象庁ホームページ：雲仙岳 有史以降の火山活動
http://www.data.jma.go.jp/svd/vois/data/fukuoka/504_Unzendake/504_history.html

29) 清水 洋：特集 雲仙普賢岳の火山災害から 20 年 − 1. 火山観測と噴火予知，自然災害科学，**30**，1，p.4（2011）
http://www.jsnds.org/ssk/ssk_30_1_3.pdf

30) 河川ネットホームページ：日本の川と災害 ＞ 日本の災害 ＞ 雲仙普賢岳噴火災害
（Last update 2007/09/16）
http://www.kasen.net/disaster/unzen.htm

31) 気象庁ホームページ：火山，最近の噴火事例
http://www.jma.go.jp/jma/kishou/books/kazan/kazan_04.jpg

32) 産業技術総合研究所地質調査総合センター：御嶽火山の噴火に関する情報
https://www.gsj.jp/hazards/volcano/ontake2014/

33) 文部科学省ホームページ：地震及び火山噴火予知のための観測研究計画の推進について（建議）の概要−科学技術・学術審議会−
http://www.mext.go.jp/b_menu/houdou/20/07/08071504/001.htm

34) 文部科学省地震火山部会 次期研究計画検討委員会：地震・火山噴火予知研究の歴史
http://www.mext.go.jp/b_menu/shingi/gijyutu/gijyutu6/011/siryo/__icsFiles/afieldfile/2013/01/22/1329950_03.pdf

35）気象庁ホームページ：火山噴火予知連絡会について
　http://www.data.jma.go.jp/svd/vois/data/tokyo/STOCK/kaisetsu/CCPVE/
　CCPVE01.html
36）内閣府防災情報のページ：5 主な火山対策
　http://www.bousai.go.jp/kazan/taisaku/k405.htm
37）国土交通省ホームページ：火山噴火緊急減災対策砂防計画策定ガイドラインに
　ついて
　http://www.mlit.go.jp/kisha/kisha07/05/050427_2_.html
38）国土交通省ホームページ：火山災害とその対策
　http://www.mlit.go.jp/river/sabo/volcano/kinkyugensai.html

【4章　洪水と高潮の災害】

1）愛知県公式 Web サイト：愛知県の確率降雨（平成 18 年 1 月 1 日から適用），名
　古屋地区の確率雨量と降雨強度式
　http://www.pref.aichi.jp/uploaded/attachment/231329.pdf
2）国土交通省 水管理・国土保全ホームページ：高潮防災のために，高潮発生のメ
　カニズム
　http://www.mlit.go.jp/river/pamphlet_jirei/kaigan/kaigandukuri/takashio/
　1mecha/01-0.htm
3）国土交通省 水管理・国土保全ホームページ：高潮防災のために，高潮に対して
　危険なところ
　http://www.mlit.go.jp/river/pamphlet_jirei/kaigan/kaigandukuri/takashio/
　2kigenba/02-0.htm
4）内閣府・消防庁・農林水産省・水産庁・国土交通省・気象庁：パンフレット 高
　潮災害とその対応（2005）
　http://www.jma.go.jp/jma/kishou/books/takashio/takashio72.pdf
5）気象庁ホームページ：高潮による災害
　http://www.jma.go.jp/jma/kishou/know/ame_chuui/ame_chuui_p6.html
6）気象庁ホームページ：波浪の知識 波浪の基礎用語
　http://www.data.jma.go.jp/gmd/kaiyou/db/wave/comment/elmknwl.html
7）気象庁ホームページ：高波による災害
　http://www.jma.go.jp/jma/kishou/know/ame_chuui/ame_chuui_p7.html
8）石井一郎 編著：防災工学（第 2 版），pp.81, 82，森北出版（2005）
9）World Meteorological Organization ：ATLAS OF MORTALITY AND
　ECONOMIC LOSSES FROM WEATHER, CLIMATE AND WATER
　EXTREMES（1970–2012），WMO–No.1123, p.6

https://library.wmo.int/pmb_ged/wmo_1123_en.pdf

10）気象庁ホームページ：台風について
　　http://www.jma.go.jp/jma/kishou/know/faq/faq14.html

11）防災科学技術研究所 自然災害情報室：防災基礎講座 災害はどこでどのように
　　起きているか 11. 大陸棚が広大な湾岸デルタでは大きな高潮が発生する
　　http://dil.bosai.go.jp/workshop/02kouza_jirei/s11bangla/bangladesh.htm

12）Allison Plyer：THE DATA CENTER：Facts for Features：Katrina Impact
　　（Published：Aug 26, 2016）
　　http://www.datacenterresearch.org/data-resources/katrina/facts-for-impact/

13）Adrian Sainz：Mississippi River Flood of 2011 Caused $2.8B in Economic
　　Damage：Army Corps, INSURANCE JOURNAL（February 27, 2013）
　　http://www.insurancejournal.com/news/national/2013/02/27/282875.htm

14）National Weather Service：FLOOD HISTORY OF MISSISSIPPI
　　https://www.weather.gov/media/jan/JAN/Hydro/Flood_History_MS.pdf

15）国土交通省 気候変動に適応した治水対策検討小委員会：水災害分野における気
　　候変動適応策のあり方について〜災害リスク情報と危機感を共有し、減災に取り
　　組む社会へ〜，答申 参考資料（平成 27 年 8 月 28 日時点版），p.12
　　http://www.mlit.go.jp/river/shinngikai_blog/shaseishin/kasenbunkakai/
　　shouiinkai/kikouhendou/pdf/1508_03_toshinsankou.pdf

16）国土交通省 水管理・国土保全ホームページ：社会審 > 河川分科会 > 第 2 回事
　　業評価小委員会 資料 7，タイの洪水について
　　http://www.mlit.go.jp/river/shinngikai_blog/shaseishin/kasenbunkakai/
　　shouiinkai/r-jigyouhyouka/dai02kai/dai02kai_siryou7.pdf

17）国土交通省 水管理・国土保全ホームページ：国際 米国ハリケーン・サンディ
　　に関する現地調査
　　http://www.mlit.go.jp/river/kokusai/disaster/america/

18）DO SOMETHING.ORG：11 Facts About Hurricane Sandy
　　https://www.dosomething.org/us/facts/11-facts-about-hurricane-sandy

19）Hurricane Research Division ホームページ：Frequently Asked Questions, The
　　thirty costliest mainland United States tropical cyclones 1900–2013
　　http://www.aoml.noaa.gov/hrd/tcfaq/costliesttable.html

20）MunichRE：Press release, Floods dominate natural catastrophe statistics in
　　first half of 2013（9 July 2013）
　　https://www.munichre.com/en/media-relations/publications/press-releases/
　　2013/2013-07-09-press-release/index.html

21）LIDOVKY.CZ：Smutná bilance povodní：11 mrtvých. Za smrt může alkohol i sluchátka na ušich, 8. června 2013 11：00, aktualizováno 17：57

http://www.lidovky.cz/povodne-2013-zatim-deset-potvrzenych-obeti-f1p-/zpravy-domov.aspx?c=A130607_164305_ln_domov_spa

22）MailOnline News：Germany evacuates 31,000 after dam on River Elbe breaks, as thousands of Hungarians help army lay a million sandbags as swollen Danube hits Budapest, By Helen Lawson for the Daily Mail（Published：11：08 GMT, 10 June 2013 | Updated：20：31 GMT, 10 June 2013）

http://www.dailymail.co.uk/news/article-2338814/31-000-evacuated-Germany-dam-River-Elbe-breaks-Budapest-braces-swollen-Danube.html

23）USA TODAY：Deadly flooding continues to swamp Europe（Published 2：15 p.m. ET June 10, 2013）

https://www.usatoday.com/story/weather/2013/06/10/swollen-elbe-river-breaches-new-levee-in-germany/2408727/

24）MunichRE：Press release, Floods dominate natural catastrophe statistics in first half of 2013

https://www.munichre.com/en/media-relations/publications/press-releases/2013/2013-07-09-press-release/index.html

25）国土交通省 水管理・国土保全ホームページ：高潮防災のために＞3. どのような高潮が起こったの？

http://www.mlit.go.jp/river/kaigan/main/kaigandukuri/takashiobousai/03/index.html

26）気象庁ホームページ：災害をもたらした気象事例

http://www.data.jma.go.jp/obd/stats/data/bosai/report/index.html

27）中部地域づくり協会ホームページ：「自然に学び，自然に備える」，伊勢湾台風

http://www.ckk.or.jp/saigai/2011/ise-03/ise.html

28）防災科学技術研究所 自然災害情報室：防災基礎講座 災害はどこでどのように起きているか 9. 太平洋南岸の湾奥にある大都市ゼロメートル地帯で高潮の危険が最も大きい

http://dil.bosai.go.jp/workshop/02kouza_jirei/s09osaka/osakatakasio.htm

29）防災科学技術研究所 自然災害情報室：防災基礎講座 災害はどこでどのように起きているか 10. 台風が深夜に来襲すると人的被害が昼間に比べ数倍にもなる可能性がある

http://dil.bosai.go.jp/workshop/02kouza_jirei/s10isewan/isewantakasio.htm

30）国土交通省 気候変動に適応した治水対策検討小委員会：水災害分野における気候変動適応策のあり方について ～災害リスク情報と危機感を共有し、減災に取り

組む社会へ～，答申 参考資料，p.5（平成 27 年 8 月 28 日時点版）
http://www.mlit.go.jp/river/shinngikai_blog/shaseishin/kasenbunkakai/
shouiinkai/kikouhendou/pdf/1508_03_toshinsankou.pdf

31）中込 淳（国土交通省近畿地方整備局河川調査官）：平成 23 年台風 12 号豪雨に
　　おける初動対応と課題（平成 24 年 6 月）
　　http://committees.jsce.or.jp/hydraulic01/system/files/2012SSnakagome.pdf

32）国土交通省水管理・国土保全局：7 月 5 日からの梅雨前線による九州北部地方の
　　大雨について，p.3（平成 29 年 7 月 14 日）

33）国土交通省九州地方整備局ホームページ：権限代行による福岡県管理河川の土砂・
　　流木の除去を国が緊急的に実施 ～改正河川法で新たに創設した制度の適用第 1 号
　　～（平成 29 年 7 月 18 日）
　　http://www.qsr.mlit.go.jp/press_release/h29/bousai1707180101.html

34）国土交通省 水管理・国土保全ホームページ：河川砂防技術基準
　　http://www.mlit.go.jp/river/shishin_guideline/gijutsu/gijutsukijunn/index2.html

35）国土交通省 水管理・国土保全ホームページ：高潮防災のために＞5. 高潮から
　　身を守る
　　http://www.mlit.go.jp/river/kaigan/main/kaigandukuri/takashiobousai/05/index.
　　html

36）国土交通省 水管理・国土保全ホームページ：高潮に備える施設
　　http://www.mlit.go.jp/river/pamphlet_jirei/kaigan/kaigandukuri/takashio/
　　4sisetsu/04-0.htm

37）国土交通省 水管理・国土保全ホームページ：「今後の海岸管理のあり方」とり
　　まとめ「本文」，pp.13, 22, 23
　　http://www.mlit.go.jp/river/shinngikai_blog/kaigankanrinoarikata/pdf/02.pdf

38）国土交通省：平成 19 年度 国土交通白書 第 I 部 第 1 章 第 2 節 3. 高潮災害リス
　　クの増大
　　http://www.mlit.go.jp/hakusyo/mlit/hakusho/h20/html/j1123000.html

39）内閣府 防災情報のページ：東京湾高潮氾濫の被害想定 大規模水害対策に関す
　　る専門調査会報告首都圏水没～被害軽減のために取るべき対策とは～より抜粋，
　　http://www.bousai.go.jp/fusuigai/pdf/toukyouwan_higaisoutei.pdf

【5章　土砂災害】

1）国土交通省 中国地方整備局 太田川河川事務所ホームページ：土砂災害とは，な
　　ぜ日本では「土砂災害」が多いの？
　　http://www.cgr.mlit.go.jp/ootagawa/sand/west/page1/index03.html

2）国土交通省ホームページ：砂防：深層崩壊についてよくあるご質問

http://www.mlit.go.jp/river/sabo/deep_landslide_FAQ.html

3）国土交通省ホームページ：深層崩壊の特徴
　http://www.mlit.go.jp/mizukokudo/sabo/deep_landslide.html

4）国土交通省 国土技術政策総合研究所ホームページ：国総研資料第 728 号（資料名）
　平成 23 年（2011 年）紀伊半島台風 12 号土砂災害調査報告
　http://www.nilim.go.jp/lab/bcg/siryou/tnn/tnn0728.htm

5）奈良県：紀伊半島大水害の記録（平成 25 年 3 月）
　http://www.pref.nara.jp/secure/99453/pamphlet.pdf

6）気象庁：災害時自然現象報告書 2014 年第 4 号 災害時気象速報 平成 26 年 8 月豪
　雨，p.8
　http://www.jma.go.jp/jma/kishou/books/saigaiji/saigaiji_201404.pdf

7）国土交通省 砂防部保全課：過去に発生した降雨に伴う大規模な土砂災害につい
　て（平成 26 年 8 月 29 日）
　http://www.mlit.go.jp/river/sabo/H26_hiroshima/140829kakonojirei.pdf

8）国土交通省ホームページ：砂防：土石流とその対策
　http://www.mlit.go.jp/mizukokudo/sabo/dosekiryuu_taisaku.html

9）国土交通省 北陸地方整備局 湯沢砂防事務所ホームページ：スリット砂防えん堤
　について
　http://www.hrr.mlit.go.jp/yuzawa/sabo/shisetsu3.html

10）国土交通省ホームページ：砂防：地すべりとその対策
　http://www.mlit.go.jp/mizukokudo/sabo/jisuberi_taisaku.html

11）鹿児島大学理学部地学教室応用地質学講座（鹿児島大学名誉教授 岩松 暉）：「か
　だいおうち」がけ崩れ
　http://eniac.sci.kagoshima-u.ac.jp/~oyo/failure.html

12）国土交通省ホームページ：砂防：がけ崩れとその対策
　http://www.mlit.go.jp/mizukokudo/sabo/gakekuzure_taisaku.html

【6 章　渇水などの水問題】

1）UN–OCHA：Eastern Africa・Drought, Humanitarian Report No. 3,（10 June 2011）
　https://reliefweb.int/sites/reliefweb.int/files/resources/OCHA Eastern Africa Humanitarian Report No. 3 - Drought May 2011 FINAL.pdf

2）The New York Times：Somalia：Famine Toll in 2011 Was Larger Than Previously Reported By THE ASSOCIATED PRESS,（APRIL 29, 2013）
　http://www.nytimes.com/2013/04/30/world/africa/somalia-famine-toll-in-2011-was-larger-than-previously-reported.html?ref=todayspaper&_r=0

3) THE WORLD POST By Joshua Hersh：East Africa Famine Threatens Regional Stability, USAID Chief Says,（Updated Sep 12, 2011）
http://www.huffingtonpost.com/2011/07/13/famine-in-africa-usaid_n_897644.html
4) livedoor NEWS：2014年は史上最も暑い年？ 中国では深刻な干ばつに台風被害も —中国メディア（2014年12月5日4:54 FOCUS–ASIA.COM）
http://news.livedoor.com/article/detail/9541905/
5) 国土交通省 気象庁ホームページ：世界の年ごとの異常気象 対象期間：2014年
http://www.data.jma.go.jp/gmd/cpd/monitor/annual/annual_2014.html
6) 新唐人電視台ホームページ：中国で大干ばつ 3か月断水している地域も（2014年8月4日）
http://jp.ntdtv.com/news/11438/（禁聞）中国で大干ばつ＋3か月断水している地域も
7) カラパイアホームページ：たった3年でこんなに！カリフォルニア州の深刻な干ばつがわかる GIF アニメーション（2015年4月20日）
http://karapaia.com/archives/52190147.html
8) NOAA：Billion–Dollar Weather and Climate Disasters：Table of Events
https://www.ncdc.noaa.gov/billions/events/US/1980-2017
9) Vox：California hasn't had a drought this bad since at least 1895 By Brad Plumer,（Aug 15, 2014, 2：00pm EDT）
https://www.vox.com/2014/8/15/6006467/california-hasnt-had-a-drought-this-bad-since-at-least-1895
10) CNN ホームページ：米カリフォルニア州、干ばつで非常事態宣言　山火事も発生（2014.01.18 Sat posted at 09：37 JST）
https://www.cnn.co.jp/usa/35042713.html
11) The Weathrer Channel：Storms End Drought in Much of Northern California By Linda Lam（January 12 2017 11：30 AM）
https://weather.com/climate-weather/drought/news/california-snow-rain-early-january-2017-impact-drought#!
12) CALIFORNIA DEPARTMENT OF WATER RESOURCES：Drought Information, Governor's Drought Declaration
http://www.water.ca.gov/waterconditions/declaration.cfm
13) USGS：California Drought
https://ca.water.usgs.gov/data/drought/
14) World Health Organization（WHO）and the United Nations Children's Fund（UNICEF）：Progress on Drinking Water, Sanitation and Hygiene 2017, Update and SDG Baselines, Launch version July 12 2017, pp.4, 25

https://www.unicef.org/publications/files/Progress_on_Drinking_Water_
Sanitation_and_Hygiene_2017.pdf

15) The United Nations World Water Development Report 2016 : Water and Jobs,
UNESCO, pp.21〜23
http://unesdoc.unesco.org/images/0024/002439/243938e.pdf

16) 内閣府ホームページ：統計情報・調査結果 3.4 水ストレスの試算（1）水ストレ
スの定義
http://www.esri.cao.go.jp/jp/sna/sonota/satellite/kankyou/contents/pdf/3-4.pdf

17) OECD Environmental Outlook to 2050, p.218
http://www.oecd-ilibrary.org/environment/oecd-environmental-outlook-to-2050/
global-water-demand-baseline-2000-and-2050_env_outlook-2012-graph3-en

18) 環境省：平成 22 年版 環境・循環型社会・生物多様性白書（PDF 版），pp.102,
111, 112
http://www.env.go.jp/policy/hakusyo/h22/pdf.html

19) 内閣官房水循環政策本部事務局：平成 28 年度水循環施策（平成 29 年版 水循環
白書），pp.11, 37, 39, 40, 45〜47
http://www.kantei.go.jp/jp/singi/mizu_junkan/pdf/h28_mizujunkan_shisaku.pdf

20) 農業技術ヴァーチャルミュージアムのホームページ：農業土木技術発達史テキ
スト版トップ ＞ 第 4 章 江戸時代［江戸幕府の基盤づくりと新田開発］
http://mmsc.ruralnet.or.jp/v-museum/history_text/history04_t/h04t_04.html

21) 参議院のホームページ 第三特別調査室 縄田康光：歴史的に見た日本の人口と
家族，立法と調査，No.260（2006 年 10 月）
http://www.sangiin.go.jp/japanese/annai/chousa/rippou_chousa/backnumber/
2006pdf/20061006090.pdf

22) 国土交通省水管理・国土保全局水資源部ホームページ：水利用の歴史
http://www.mlit.go.jp/tochimizushigen/mizsei/c_actual/actual02.html

23) 国土交通省関東地方整備局ホームページ：渇水の発生状況と頻度
http://www.ktr.mlit.go.jp/river/bousai/river_bousai00000059.html

24) 国土交通省関東地方整備局ホームページ：渇水による社会的影響や被害の状況
http://www.ktr.mlit.go.jp/river/bousai/river_bousai00000062.html

25) 国土交通省九州地方整備局独立行政法人水資源機構：複数の異常渇水時の緊急
水の補給対策案の立案 及び概略評価による対策案の抽出について 小石原川ダム
建設事業（平成 24 年 3 月 27 日）
http://www.qsr.mlit.go.jp/n-kawa/kensyo/06-koisiwaragawa/120321-
daisankai(koishiwaragawa)/7-siryou6-daisankai-koishiharagawa.pdf

26) 日本ダム協会ホームページ：福岡大渇水

http://damnet.or.jp/cgi-bin/binranB/TPage.cgi?id=132&p=1

27) 国土交通省水管理・国土保全ホームページ：今後さらに取り組むべき適応策（渇水）について，p.19

http://www.mlit.go.jp/river/shinngikai_blog/shaseishin/kasenbunkakai/shouiinkai/kikouhendou/16/pdf/s3.pdf

28) 国土交通省水管理・国土保全局水資源部：平成26年版 日本の水資源，第Ⅱ編 第1章，pp.57〜60（平成26年8月）

http://www.mlit.go.jp/mizukokudo/mizsei/mizukokudo_mizsei_fr2_000012.html

29) 国土交通省関東地方整備局ホームページ：渇水に関する用語と基礎知識

http://www.ktr.mlit.go.jp/river/bousai/river_bousai00000057.html

30) 国土交通省ホームページ：審議会・委員会等 第19回（リスク管理型の水の安定供給に向けた水資源開発基本計画のあり方について第2回）（資料4）「リスク管理型の水の安定供給に向けた水資源開発基本計画のあり方について」答申（原案）

http://www.mlit.go.jp/policy/shingikai/water02_sg_000067.html

31) 国土交通省関東地方整備局利根川上流河川事務所：不安定な首都圏の水事情

http://www.ktr.mlit.go.jp/tonejo/tonejo00199.html

32) 国土交通省関東地方整備局利根川ダム統合管理事務所ホームページ：近年の渇水の状況

http://www.ktr.mlit.go.jp/tonedamu/tonedamu00077.html

第Ⅱ部　災害と法制度

【7章　災害法制の歴史と現状】

1) 津久井 進：大災害と法，pp.2〜5, 39, 40，岩波書店（2012）
2) 国土交通省関東地方整備局利根川上流河川事務所：利根川の東遷

http://www.ktr.mlit.go.jp/tonejo/tonejo00185.html

3) 大和川付替え300周年記念事業実行委員会：大和川の付替え

https://www.kkr.mlit.go.jp/yamato/about/yamato300/tukekae/tukekae.html

4) 国土交通省水管理・国土保全ホームページ：河川審議会答申21世紀の社会を展望した今後の河川整備の基本的方向について 1. 近代治水百年を振り返って（平成8年6月）

http://www.mlit.go.jp/river/shinngikai_blog/past_shinngikai/shinngikai/shingi/to-1.html

5) 国土交通省気象庁ホームページ：気象庁の歴史

http://www.jma.go.jp/jma/kishou/intro/gyomu/index2.html

6) 蒲田文雄：地震・防災 あなたとあなたの家族を守るために 地震対策関連の歴史（年

表）

http://www5d.biglobe.ne.jp/~kabataf/houseido.htm

7）日本消防協会ホームページ：消防の歴史

http://www.nissho.or.jp/contents/static/syouboudan/rekishi.html

8）参議院事務局企画調整室 編集・発行，予算委員会調査室 藤井亮二：基金制度の沿革と課題（1），立法と調査，No.366，pp.73〜74（2015.7）

http://www.sangiin.go.jp/japanese/annai/chousa/rippou_chousa/backnumber/2015pdf/20150701073.pdf

9）島田健一：わが国における災害復旧対策，学術月報（シリーズ：自然災害と防災），1994 年 9 月号

http://www.hiroi.iii.u-tokyo.ac.jp/index-genzai_no_sigoto-suigai-ronbun-shimada.htm

10）松浦茂樹：明治 43 年水害と第一次治水長期計画の策定，国際地域学研究，第 11 号，pp.149〜173（2008）

http://rdarc.rds.toyo.ac.jp/webdav/frds/public/kiyou/0708/tiiki/0803/matsuura.pdf

11）国土交通省：災害復旧事業（補助）の概要

http://www.mlit.go.jp/river/hourei_tsutatsu/bousai/saigai/hukkyuu/ppt.pdf

12）内閣府：わが国の災害対策，p.4

http://www.bousai.go.jp/kyoiku/panf/pdf/saigaipanf.pdf

13）国土交通省中部地方整備局ホームページ：出水・災害情報，洪水予報と水防警報について

http://www.cbr.mlit.go.jp/kawatomizu/suibou/suibou.html

14）国土交通省：資料 2，2. 土砂災害防止法の概要

http://www.mlit.go.jp/river/sabo/dosyahou_review/01/110803_shiryo2.pdf

15）財団法人砂防フロンティア整備推進機構 綿谷真一 ほか：砂防法改正に関わる歴史的一考察 − 砂防法改正が最小限にとどまった理由について −

http://www.jsece.or.jp/event/conf/abstruct/2010/pdf/O5-05.pdf

16）内閣府防災情報のページ：「防災の日」及び「防災週間」について

http://www.bousai.go.jp/kyoiku/week/bousaiweek.html

17）総務省統計局 なるほど統計学園ホームページ：今日は何の日？ 9 月 1 日 防災の日

http://www.stat.go.jp/naruhodo/c3d0901.htm

18）内閣府防災情報のページ：平成 29 年版 防災白書 | 附属資料 28　戦後の防災法制度・体制の歩み

http://www.bousai.go.jp/kaigirep/hakusho/h29/honbun/3b_6s_28_00.html

19）国土交通省国土政策局地方振興課：豪雪地帯特別措置法の改正について
　　http://www.yukicenter.or.jp/pr/files/01. 豪雪地帯特別措置法の改正について .pdf

20）横浜市建築局企画部防災担当部長　久松義明ほか：横浜市のがけ地総合対策，業界トピックス
　　http://www.chubu-geo.org/publish/No64/pdf/05-00.pdf

21）コトバンクホームページ：保険基礎用語集＞地震保険に関する法律とは
　　https://kotobank.jp/word/ 地震保険に関する法律 -795064

22）内閣府：活動火山対策の総合的な推進に関する基本的な指針（平成 28 年 2 月 22日）
　　http://www.bousai.go.jp/kazan/kazan_houritsu/pdf/kihonhoushin.pdf

23）自衛防災組織等の教育・研修のあり方調査検討会：自衛防災組織等の教育・研修のあり方調査検討会　中間報告書　標準的な教育テキスト（中間案）（平成 29 年 3月）
　　http://www.fdma.go.jp/neuter/about/shingi_kento/h28/jieibousai_kyouiku/pdf/chukanan.pdf

24）コトバンクホームページ：石油コンビナート等災害防止法とは
　　https://kotobank.jp/word/ 石油コンビナート等災害防止法 –1351445

25）東京大学大学院情報学環・学際情報学府廣井研究室ホームページ：研究室の現在の仕事＞東海地震のメカニズムと被害想定＞大規模地震対策特別措置法について（中央防災会議地震防災基本計画専門委員会資料：平成 11 年 6 月 9 日）
　　http://www.hiroi.iii.u-tokyo.ac.jp/index-genzai_no_sigoto-tokai_jisin-tokai_mechanism-daisinho-kaisetu.htm

26）内閣府：我が国の地震防災対策の概要　2. 我が国の地震防災体制　平成 7 年の災害対策基本法主な改正事項
　　http://www.bousai.go.jp/kaigirep/chuobou/senmon/kongo/2/pdf/sankou1-2.pdf

27）建築物の耐震改修の促進に関する法律施行令（平成 7 年 12 月 22 日政令第 429 号）
　　http://law.e-gov.go.jp/htmldata/H07/H07SE429.html

28）丸茂雄一：防災と災害対策の法制度
　　https://www.senshu-u.ac.jp/scapital/201107sympo/201107sympomarumo.pdf

29）国土交通省河川局治水課：水防法の一部改正に伴う浸水想定区域の指定・公表について（平成 13 年 7 月 30 日）
　　http://www.mlit.go.jp/river/press_blog/past_press/press/200107_12/010730b/010730.html

30）国土交通省九州地方整備局：防災の取組みと過去の災害 [17] 福岡水害（平成 11 年 6 月 29 日）
　　http://www.qsr.mlit.go.jp/bousai/index_c17.html

31）国土交通省九州地方整備局：防災の取組みと過去の災害［19］福岡水害（平成
15 年 7 月 19 日）
http://www.qsr.mlit.go.jp/bousai/index_c19.html

32）内閣府：資料 3，平成 12 年東海豪雨水害時の状況
http://www.bousai.go.jp/kaigirep/chuobou/senmon/daikibosuigai/3/pdf/
shiryou_3.pdf

33）国土交通省関東地方整備局：特定都市河川浸水被害対策法の概要
http://www.ktr.mlit.go.jp/ktr_content/content/000047029.pdf

34）内閣府国民保護ポータルサイト：国民保護法とは
http://www.kokuminhogo.go.jp/arekore/kokuminhogoho.html

35）総務省消防庁：消防の動き 平成 16 年 7 月新潟・福島豪雨，福井豪雨災害 震災
等応急室
http://www.fdma.go.jp/ugoki/h1609/03.pdf

36）参議院：宅地造成等規制法等の一部を改正する法律（平成 18 年 4 月 1 日法律第
30 号）一，提案理由（平成 18 年 3 月 14 日・衆議院国土交通委員会）
http://www.sangiin.go.jp/japanese/joho1/kousei/gian/164/pdf/k031640121640.pdf

37）復興庁ホームページ：復興関係法令等
http://www.reconstruction.go.jp/topics/main-cat8/sub-cat8-1/

38）参議院事務局企画調整室 編集・発行，国土交通委員会調査室 村田和彦：東日
本大震災の教訓を踏まえた災害対策法制の見直し 一災害対策基本法，大規模災害
復興法一，立法と調査，No.345，pp.125〜140（2013.10）
http://www.sangiin.go.jp/japanese/annai/chousa/rippou_chousa/
backnumber/2013pdf/20131001125.pdf

39）国土交通省ホームページ：津波防災地域づくりに関する法律について
http://www.mlit.go.jp/sogoseisaku/point/tsunamibousai.html

40）総務省消防庁：津波避難対策推進マニュアル検討会第 2 回平成 24 年 8 月 22
日 配布資料 1–2. 水防法の一部改正について（国土交通省）
http://www.fdma.go.jp/neuter/about/shingi_kento/h24/tsunami_hinan/02/
shiryo_01_02.pdf

41）内閣府防災情報のページ：大規模災害からの復興に関する法律（平成 25 年法律
第 55 号）＞ 概要
http://www.bousai.go.jp/taisaku/minaoshi/pdf/fukkou_01_1.pdf

42）消防庁震災対策室：特集 3「東南海・南海地震に係る地震防災対策の推進に関す
る特別措置法」の制定
https://www.fdma.go.jp/ugoki/h1409/9-4.pdf

43）参議院：東南海・南海地震に係る地震防災対策の推進に関する特別措置法の一

部を改正する法律（平成 25 年 11 月 29 日法律第 87 号）（衆）

http://www.sangiin.go.jp/japanese/joho1/kousei/gian/185/pdf/k051850051850.pdf

44) 官邸 内閣府地方創生推進事務局：都市再生の推進に係る有識者ボード 防災 WG（平成 26 年 5 月 26 日開催）参考資料 1–1 東日本大震災後の防災対策の取組状況における主な法律概要等

http://www.kantei.go.jp/jp/singi/tiiki/toshisaisei/yuushikisya/anzenkakuho/260526/11-01.pdf

45) 内閣官房ホームページ：国土強靱化 > 関係法令 強くしなやかな国民生活の実現を図るための防災・減災等に資する国土強靱化基本法（平成 25 年 12 月 11 日法律第 95 号）

http://www.cas.go.jp/jp/seisaku/kokudo_kyoujinka/hourei.html

46) 日本建築防災協会建築防災：1. 耐震改修促進法の改正の概要

http://www.kenchiku-bosai.or.jp/files/2013/12/01_gaiyo.pdf

47) 広瀬行久：耐震改修促進法の改正について，RETIO, No.91（2013）

http://www.retio.or.jp/attach/archive/91-017.pdf

48) 村川奏支：水防法および河川法改正の概要, 建設マネジメント技術, pp.7～11（2013年 8 月号）

http://kenmane.kensetsu-plaza.com/bookpdf/173/fa_01.pdf

49) 国土交通省水管理・国土保全局砂防部：土砂災害防止法，土砂災害防止法の改正と今後の取り組みについて（パンフレット）

http://www.mlit.go.jp/river/sabo/sinpoupdf/kaiseitorikumi.pdf

50) 国土交通省ホームページ：水防法，改正の概要

http://www.mlit.go.jp/river/suibou/suibouhou.html

51) 国土交通省ホームページ：「水防法等の一部を改正する法律」が施行されました

http://www.mlit.go.jp/mizukokudo/mizukokudo02_tk_000001.html

52) 生田長人 編：防災の法と仕組み（シリーズ防災を考える 4），pp.5～8, 9～14, 東信堂（2010）

【8 章 災害に備える法制度】

1) 生田長人 編：防災の法と仕組み（シリーズ防災を考える 4），pp.17, 21, 22, 50, 64，東信堂（2010）

2) 国土交通省関東地方整備局京浜河川事務所：高規格堤防とは

http://www.ktr.mlit.go.jp/keihin/keihin00162.html

3) 国土交通省：報道発表資料 >「高規格堤防整備の抜本的見直しについて（とりまとめ）」について，高規格堤防整備の抜本的見直しについて（とりまとめの概要）

http://www.mlit.go.jp/common/000163227.pdf

4) 国土交通省近畿地方整備局大和川流域委員会:意見交換会（平成 23 年 11 月 28 日）資料 2-1 高規格堤防整備事業について
https://www.kkr.mlit.go.jp/yamato/special/iinkai/report/pdf/koukankai/04.pdf

5) 国土交通省ホームページ:河川関係統計データ，一級河川の河川延長等調（平成 28 年 4 月現在），二級河川の都道府県別河川延長等調（平成 28 年 4 月 30 日現在），準用河川の都道府県別河川延長等調（平成 28 年 4 月 30 日現在）
http://www.mlit.go.jp/statistics/details/river_list.html

6) 国土交通省水管理・国土保全ホームページ:河川別および管理者一覧表
http://www.mlit.go.jp/river/pamphlet_jirei/kasen/jiten/yougo/02.htm

7) 国土交通省中部地方整備局静岡河川事務所河川のページ:河川法の申請
http://www.cbr.mlit.go.jp/shizukawa/01_kasen/11_kasenhou/shinsei.html

8) 民法条文解説.com ホームページ:特別法
http://www.minnpou-sousoku.com/category/dictionary/ta/tokubetsuhou.html

9) 三好規正:水害をめぐる国家賠償責任と流域治水に関する考察，山梨学院ロージャーナル，第 10 号
https://www.ygu.ac.jp/yggs/houka/lawjournal/pdf/lawjournal10/lj_04.pdf

10) 高橋 裕:第二次大戦後の水害と治水の論理の変遷，p.14，滋賀県 第 7 回 流域治水シンポジウム（平成 25 年 12 月 23 日）
http://www.pref.shiga.lg.jp/h/ryuiki/25sinpojiumu/files/32kouensiryou.pdf

11) 国土交通省水管理・国土保全ホームページ:特定指定都市河川浸水被害対策法の概要
http://www.mlit.go.jp/river/pamphlet_jirei/kasen/gaiyou/panf/tokutei/index.html

12) 国土交通省四国地方整備局徳島河川国道事務所:水防法の変遷
http://www.skr.mlit.go.jp/tokushima/river/event/yoshikouza/no18/text18-5.pdf

13) 国土交通省川の防災情報ホームページ:河川の洪水予報とは
http://www.river.go.jp/kawabou/reference/index04.html

14) 国土交通省 川の防災情報ホームページ:水防警報とは
http://www.river.go.jp/kawabou/reference/index06.html

15) 国土交通省近畿地方整備局猪名川河川事務所:参考資料，水防法の一部を改正する法律について
https://www.kkr.mlit.go.jp/inagawa/safe/prevention/images/suibouhou.pdf

16) 国土交通省九州地方整備局延岡河川国道事務所:「水防法」改正の概要について
http://www.qsr.mlit.go.jp/nobeoka/kasen/ryu-iki/pdf/8/siryou2.pdf

17) 岡山県土木部防災砂防課:水防法の一部改正について
http://www.pref.okayama.jp/uploaded/life/520235_3981263_misc.pdf

18) 総務省消防庁：津波避難対策推進マニュアル検討会第 2 回 平成 24 年 8 月 22
　日 配布資料 1–2. 水防法の一部改正について（国土交通省）
　http://www.fdma.go.jp/neuter/about/shingi_kento/h24/tsunami_hinan/02/
　shiryo_01_02.pdf

19) 国土交通省ホームページ：第 16 回 気候変動に適応した治水対策検討小委員
　会 配布資料 2，平成 26 年の主な水害・土砂災害，p.6
　http://www.mlit.go.jp/river/shinngikai_blog/shaseishin/kasenbunkakai/
　shouiinkai/kikouhendou/16/pdf/s2.pdf

20) 国土交通省ホームページ：水防法，改正の概要
　http://www.mlit.go.jp/river/suibou/pdf/suibouhou_gaiyou.pdf

21) 国土交通省ホームページ：「水防法等の一部を改正する法律」が施行されました
　http://www.mlit.go.jp/mizukokudo/mizukokudo02_tk_000001.html

22) 国土交通省中部地方整備局 2–1 ホームページ：出水・災害情報
　http://www.cbr.mlit.go.jp/kawatomizu/suibou/suibou.html

23) 国土交通省ホームページ：洪水予報河川とは（水防法）
　http://www.mlit.go.jp/river/bousai/main/saigai/tisiki/syozaiti/pdf/
　yohousyuutikasen_1603.pdf

24) 財団法人砂防フロンティア整備推進機構 綿谷真一ほか：砂防法改正に関わる歴
　史的一考察 −砂防法改正が最小限にとどまった理由について−
　http://www.jsece.or.jp/event/conf/abstruct/2010/pdf/O5-05.pdf

25) iQra–channel のホームページ：不動産調査の知識，不動産の重要事項説明書に
　おける「砂防法」とはなにか
　http://iqra-channel.com/sand-control-law

26) 徳島県ホームページ：県土づくり ＞ 河川・砂防 ＞ 砂防
　http://www.pref.tokushima.jp/faq/docs/00020077/

27) 国土交通省砂防部：砂防関係事業の概要（平成 27 年）
　http://www.mlit.go.jp/river/pamphlet_jirei/sabo/pdf/outline_of_sabo_works2015.
　pdf

28) iQra–channel のホームページ：不動産調査の知識，不動産の重要事項説明書に
　おける「地すべり等防止法」とはなにか
　http://iqra-channel.com/landslide-prevention-law

29) 福岡県ホームページ：土砂災害対策に関する 4 法律の概要について
　http://www.pref.fukuoka.lg.jp/contents/dosyasaigaitaisakunikannsuru4hourituniyo
　rusiteinogaiyou.html

30) 国土交通省ホームページ：土砂災害防止法の概要
　http://www.mlit.go.jp/river/sabo/sinpoupdf/gaiyou.pdf

31）国土交通省ホームページ：第 17 回 気候変動に適応した治水対策検討小委員
会 配布資料 4，土砂災害防止法の一部改正について（報告）
http://www.mlit.go.jp/river/shinngikai_blog/shaseishin/kasenbunkakai/
shouiinkai/kikouhendou/17/pdf/s4.pdf

32）国土交通省ホームページ：土砂災害防止法が改正されました〜要配慮者利用施
設における円滑かつ迅速な避難のために〜（平成 29 年 6 月 19 日）
http://www.mlit.go.jp/mizukokudo/sabo/sabo01_fr_000012.html

33）内閣府：活動火山対策の総合的な推進に関する基本的な指針（平成 28 年 2 月 22
日）
http://www.bousai.go.jp/kazan/kazan_houritsu/pdf/kihonhoushin.pdf

34）国土交通省水管理・国土保全局水政課海岸室：「海岸法の一部を改正する法律」
について，RIVER FRONT，**79**，p.2
http://www.rfc.or.jp/pdf/vol_79/p002.pdf

35）国土交通省ホームページ：「海岸法の一部を改正する法律案」について
http://www.mlit.go.jp/report/press/mizukokudo03_hh_000747.html

36）国土交通省ホームページ：改正海岸法について
http://www.mlit.go.jp/river/kaigan/main/coastact/index.html

37）農林水産省農村振興局 / 水産庁，国土交通省水管理・国土保全局 / 港湾局：「海
岸法の一部を改正する法律」が第 186 回通常国会において成立し平成 26 年 6 月 11
日に公布されました
http://www.mlit.go.jp/river/pamphlet_jirei/kouhou/sabo_kaigan/pdf/coastact_
h26.pdf

38）国土交通省水管理・国土保全局海岸室：海岸保全施設の維持管理のあり方につ
いて（平成 27 年 10 月）
http://www.kaigan.or.jp/business/pdf/pdf_04.pdf

39）沖縄県土木建築部海岸防災課ホームページ：海岸・砂防施設等の管理
http://www.pref.okinawa.jp/kaigannbousai/con05/index.html

40）国土交通省：津波防災地域づくりに関する法律について（法律及び基本指針の
説明用資料）
http://www.mlit.go.jp/common/000204848.pdf

41）足利工業大学建築学コース刑部研究室ホームページ：過去の法令等
http://www2.ashitech.ac.jp/arch/osakabe/semi/hourei.html

42）トータル構造設計事務所ホームページ：現行 新耐震設計法
http://www.megaegg.ne.jp/~total/data/sintaisin.html

43）住宅性能診断士 ホームズ君よくわかる耐震ホームページ：木造住宅耐震基準の
変遷

　　http://jutaku.homeskun.com/legacy/taishin/taishin/hensen.html

44) 快適な暮らし応援隊ブログ（2010 年 11 月 1 日 21：20）：木造建築の耐震化の変遷

　　http://blog.livedoor.jp/berone/archives/51571902.html

45) 建築震災調査委員会：平成 7 年 阪神・淡路大震災 建築震災調査委員会中間報告

　　http://www.lib.kobe-u.ac.jp/directory/eqb/book/11-43/index.html

46) 国土交通省ホームページ：住宅・建築物の耐震化について

　　http://www.mlit.go.jp/jutakukentiku/house/jutakukentiku_house_fr_000043.html

47) 国土交通省ホームページ：「建築物の耐震改修の促進に関する法律の一部を改正する法律」の施行について（平成 18 年 1 月 25 日），改正耐震改修促進法のポイント及び関連制度の概要等

　　http://www.mlit.go.jp/kisha/kisha06/07/070125_4_.html

48) 国土交通省：建築物の耐震改修の促進に関する法律の一部を改正する法律案（平成 25 年）

　　http://www.mlit.go.jp/common/000991561.pdf

49) 国土交通省ホームページ：建築物の耐震改修の促進に関する法律等の改正概要（平成 25 年 11 月施行）

　　http://www.mlit.go.jp/jutakukentiku/build/jutakukentiku_house_fr_000054.html

50) 国土交通省：耐震化の進捗について，平成 23 年 1 月 21 日大臣会見参考資料

　　http://www.mlit.go.jp/common/000133730.pdf

51) 国土交通省都市・地域整備局都市計画課，市街地整備課，住宅局市街地建築課：密集市街地における防災街区の整備の促進に関する法律の一部改正について，市街地再開発，第 446 号（2007）

　　http://www.uraja.or.jp/town/system/2007/doc/20070602.pdf

52) 地方分権改革推進本部：問 1 従前の通達を参照する必要性が不明なことによる支障事例について，建設省

　　http://www.bunken.nga.gr.jp/siryousitu/tutatu_mondai/130525t1_kensetu.html

53) 国土交通省：防災都市づくり計画のモデル計画及び同解説 第 3 章 防災都市づくりの基本方針

　　http://www.mlit.go.jp/common/001042808.pdf

54) 滋賀県：滋賀県流域治水基本方針 －水害から命を守る総合的な治水を目指して－ 【参考資料–12】 土地利用・建築により被害を回避・軽減する制度

　　http://www.pref.shiga.lg.jp/h/ryuiki/kihonhousin/files/05housinsiryoukouhan.pdf

55) 防災科学技術研究所：防災基礎講座 自然災害をどのようにして防ぐか 5. 土地利用管理

http://dil.bosai.go.jp/workshop/04kouza_taiou/s05tochiriyo/landuse.htm

56）荒木裕子，北後明彦：東日本大震災の津波浸水地における災害危険区域の指定
と人的被害・住家被害及び可住地割合の関連分析，神戸大学大学院工学研究科・
システム情報学研究科紀要，第 6 号，pp.24〜31（2014）
http://www.terrapub.co.jp/e-library/kobe-u_memoirs/pdf/2014/2014004.pdf

57）宅地擁壁 .com ホームページ：宅地造成等規制法とは
https://www.takuchi-youheki.com/about-regal/

58）国土交通省：宅地造成等規制法の概要
http://www.mlit.go.jp/crd/web/gaiyo/gaiyo.htm

59）国土交通省水管理・国土保全ホームページ：洪水浸水想定区域図・洪水ハザー
ドマップ
http://www.mlit.go.jp/river/bousai/main/saigai/tisiki/syozaiti/

60）内閣官房ホームページ：地域強靱化計画
http://www.cas.go.jp/jp/seisaku/kokudo_kyoujinka/tiiki.html

61）国土強靱化推進本部：国土強靱化アクションプラン 2017（平成 29 年 6 月 6 日）
http://www.cas.go.jp/jp/seisaku/kokudo_kyoujinka/pdf/ap2017.pdf

62）内閣府（防災担当）：地区防災計画ガイドライン（平成 26 年 3 月）
http://www.bousai.go.jp/kyoiku/pdf/guidline.pdf

63）内閣府防災情報のページ：防災基本計画防災基本計画の作成・修正の履歴
http://www.bousai.go.jp/taisaku/keikaku/kihon.html#syusei

64）内閣府防災情報のページ：防災基本計画
http://www.bousai.go.jp/taisaku/keikaku/kihon.html

65）内閣府防災情報のページ：防災業務計画
http://www.bousai.go.jp/taisaku/keikaku/gyomu.html

66）国土交通省ホームページ：国土交通省防災業務計画（平成 29 年 7 月修正）
http://www.mlit.go.jp/saigai/bousaigyoumukeikaku.html

67）総務省消防庁ホームページ：地方防災行政の現況，平成 27 年度及び平成 28 年 4
月 1 日現在における状況（平成 29 年 1 月）
http://www.fdma.go.jp/disaster/chihoubousai/

68）内閣府防災情報のページ：企業防災とは何ですか？
http://www.bousai.go.jp/kyoiku/kigyou/kbn/index.html

69）国土交通省：国土交通省業務継続計画第 3 版（平成 26 年 4 月）
http://www.mlit.go.jp/common/001036194.pdf

70）蒲田文雄：地震・防災 あなたとあなたの家族を守るために 地震と防災の歴史
http://www5d.biglobe.ne.jp/~kabataf/houseido.htm

71) 羽鳥光彦：気象業務法等の沿革 −法制度から見た特徴とその意義−，測候時報，**83**（2016）

http://www.jma.go.jp/jma/kishou/books/sokkou/83/vol83p047.pdf

【9章　災害対応のための法制度】

1) 生田長人 編：防災の法と仕組み（シリーズ防災を考える 4），pp.29〜34, 90〜93, 112，東信堂（2010）
2) 内閣府防災情報のページ：応急仮設住宅の概要

http://www.bousai.go.jp/kaigirep/kentokai/hisaishashien2/wg/pdf/dai1kai/siryo4.pdf

【10章　災害の復旧，復興のための法制度】

1) 生田長人 編：防災の法と仕組み（シリーズ防災を考える 4），pp.37, 39〜40，東信堂（2010）
2) 内閣府防災情報のページ：被災者生活再建支援法，被災者生活再建支援法の概要

http://www.bousai.go.jp/taisaku/seikatsusaiken/shiensya.html

お わ り に

　平成 7 (1995) 年の阪神・淡路大震災以降，わが国は地震火山の活動期に
入ったといわれている。その後も，平成 23 (2011) 年の東日本大震災，平成
28 (2016) 年の熊本地震などを経験した。近い将来には，首都直下地震や南海
トラフ地震などの巨大災害の発生が予測されている。また，近年，異常気象が
多発しており，水害や土砂災害が激化する傾向にある。原子力発電所の事故な
どの大規模事故への対応も大きな関心事となっている。地震だけでなく大規模
な水害や土砂災害も毎年のように起きている。

　大きな災害や事故が起きるたびに「想定外」といわれる。今後は，これまで
想定外であったものを想定の範囲内に入れ，起こり得る最大の心配を想定すべ
きである。津波については，東日本大震災の貴重な経験から，100 年に一度程
度の頻度で発生する「レベル 1」と，数百年から数千年に一度のきわめて低い
頻度で発生する「レベル 2」という 2 段階に分けて対処することになった。今
後は，津波に限らず洪水，土砂災害，土石流，地すべり，火山噴火，隕石衝
突，さらには大規模事故やテロ，軍事攻撃などについても最悪の事態を想定し
ておくことが必要である。

　災害対応として自助，共助，公助ということばあるが，大きな災害になれば
なるほど，行政は手が回らなくなる。特に災害発生直後には，公助が機能しに
くい。自助能力を高めて自分の命は自分で守ることが必要になる。個人個人の
防災に関する知識，意識の向上が非常に重要である。

　また，災害が起きたときの対応体制について，法制度面の課題がある。現行
の災害対策基本法では，住民に最も近い市町村が災害対策の一次的な責任を負

い，都道府県や国が支援する形になっているが，広域的な対応が必要な災害では，市町村の行政機能に限界が生じる。現場の行政が十分に機能するような法制度面や体制の見直しが必要と思われる。

　さらに，法制度以前の問題として，知事，市町村長ら，および国を含め行政責任者はもちろんのこと，発電所や工場その他の民間施設の責任者，企業トップなどは，災害などの緊急時における判断力や対応能力が求められる。こういった責任者が，経験不足であったり，危機対処能力が不十分だと，パニックに陥ったり，不適切な言動，行動をすることが予想される。このため，トップ人材の危機対応ノウハウを体系化するなどして危機対処能力を強化することも必要である。

　迫り来る巨大災害に備えて，これら多くの課題についてさらに研究を深める必要がある。

　2018 年 2 月

木下　誠也

用 語 索 引

法　律　名　索　引

—— 著 者 略 歴 ——

1976年　東京大学工学部土木工学科卒業
1978年　東京大学大学院工学系研究科修士課程修了（土木工学専門課程）
1978年　建設省入省（2001 年より国土交通省）
2008年　国土交通省近畿地方整備局長
2010年　愛媛大学防災情報研究センター教授
2011年　博士（工学）（東京大学）
2014年　日本大学生産工学部教授
2016年　日本大学危機管理学部教授
　　　　現在に至る

自然災害の発生と法制度
Natural Disasters and Legal Solutions　　　　　ⓒ Seiya Kinoshita 2018

2018 年 5 月 1 日　初版第 1 刷発行　　　　　　　　　　　　　　★

検印省略	著　　者	木　下　誠　也
	発 行 者	株式会社　コ ロ ナ 社
	代 表 者	牛 来 真 也
	印 刷 所	三 美 印 刷 株 式 会 社
	製 本 所	有限会社　愛 千 製 本 所

112–0011　東京都文京区千石 4–46–10
発 行 所　株式会社 コ ロ ナ 社
CORONA PUBLISHING CO., LTD.
Tokyo Japan
振替 00140-8-14844・電話 (03) 3941-3131 (代)
ホームページ　http://www.coronasha.co.jp

ISBN 978–4–339–05256–5　C3051　Printed in Japan　　　　　（中原）

土木・環境系コアテキストシリーズ

（各巻A5判）

■編集委員長　日下部 治
■編集委員　小林 潔司・道奥 康治・山本 和夫・依田 照彦

定価は本体価格＋税です。
定価は変更されることがありますのでご了承下さい。

図書目録進呈◆